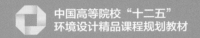

中国高等院校"十二五"
环境设计精品课程规划教材

马珂　师宏儒 / 主编

张涵　何文芳　周琪 / 编著

ARCHITECTURE PRELIMINARY
建筑初步

中国青年出版社

前言
PREFACE

    建筑初步作为了解建筑的开端，涉及建筑创作观念、方法的启蒙教育，意义深远。传统的教学内容可概括为两个层面：理论层面介绍建筑的历史演进、功能类型、空间形态和结构体系；实践层面讲述建筑的设计方法、构造做法和表现技法。伴随时代的发展，建筑的内涵和外延都有了更深层次和更大范围的拓展，上述内容已不足以涵盖建筑学领域。本书在已有基础上进一步挖掘探索，有着以下三方面特色。

    其一，建筑内涵方面，结合当代建筑发展现状，对马库斯·维特鲁威·波利奥（Marcus Vitruvius Pollio）提出的建筑三要素——实用、坚固和美观——进行了重新释义。建筑发展至今，"实用"不只局限于功能流线的合理布置，还应考虑使用者生理、心理和行为需要，结合这些基本需要，设计更为人性化、更有人情味的建筑物；"坚固"不仅仅意味着结构体系的坚不可摧，提供安全保障，还包含给排水、采暖与制冷、照明与供电等现代设备为生产生活的安逸、舒适提供稳定可靠的供给保障；"美观"更是突破了传统的形式美法则，在造型上追求空间与形体对应的逻辑美，在构造上追寻结构与机械组合的技术美，在环境处理上探索与自然融合的生态美……

其二，建筑外延方面，建筑作为人与社会、自然环境的中介，兼具社会属性和自然属性。面对全球化趋势和日渐恶化的生存环境，应结合社会环境考虑空间跨度上的民族、地域差异，时间跨度上的时代差异与历史延续性；结合自然环境考虑与自然密切相关的生态性，以及与地区气候、自然资源紧密相连的地域性。

　　其三，理论与实践结合方面，突破理论与实践部分彼此分离的论述模式，结合讲述的主题，将理论背景、设计方法与制图表现并置于同一章。如此安排更符合认知规律，有助于启发学生在理解建筑的基础上，掌握设计方法和表现技法。

　　建筑发展至今，可谓日新月异、异彩纷呈，然而许多新的问题也随之产生。建筑教育任重道远，不仅需要培养具有广博知识面和扎实基本功的匠才，更需要培养具有敏锐洞察力和社会责任感的人才，这是教育工作者刻不容缓的使命。

＊ 夏云，1927年生，西安建筑科技大学教授。出版著作《节能节地建筑基础》《生态与可持续建筑》《建筑科学基础》等，获部级科技进步二等奖一项，享受国务院突出贡献特殊津贴，并被英国剑桥国际传记中心（IBC）授予"终身成就"奖。

目录
CONTENTS

第一篇

理论篇

建筑，从广义的角度理解，可以视为一种人造的空间环境。这种空间环境一方面要满足人的功能使用要求；另一方面还要满足人的精神审美要求。就前一种要求而言，需要设计合理有序的空间以满足功能规定；就后一种要求而言，需要创造统一和谐而又富于变化的形式以符合审美法则。要实现这两种要求必须借助物质技术手段，充分发挥材料的力学性能，使荷载具有合理的传递方式，形成坚固稳定的结构体系。实现功能、美、结构三者的有机融合始终是建筑师的使命。

第一章
建筑概述

建筑即建筑物与构筑物的总称，是人们为了满足社会生活需要，利用所掌握的物质技术手段，并运用一定的科学规律、风水理念和美学法则创造的人工环境。本章从建筑的启蒙、发展历程、基本要素及其与环境的关系四个层面出发，通过对古今中外知名建筑的列举阐述，帮助初学者认识和了解建筑。

一、上栋下宇——走进建筑

什么是建筑？简而言之，建筑就是房子。大而化之，建筑是用结构来表达思想的科学性艺术。在西方古代，建筑曾被视为"凝固的音乐""石头的史书"，到了现代，建筑又衍生为"人居单元"、甚至是"房屋机器"。伴随时代的发展变迁，建筑的内涵不断更迭变化。

究竟什么是建筑？建筑是人们生活中最熟识的一种存在。住宅、学校、商场、博物馆等是建筑，纪念碑、候车厅、观光塔等也属于建筑的范畴。任何时候，人们都在使用着建筑，体验着建筑。从狭义上讲，建筑是提供室内空间的遮蔽物，它为居住、生活的环境提供了物质条件。但当我们仔细地体会和品味身边的建筑时，就会发现建筑物质形态背后蕴含着丰富的艺术、文化、社会、思想、意识的内涵，因此广义上讲，建筑是一种艺术形式，是一种环境构成，是一种文化状态，是一种社会结构的显现。意大利建筑史学家布鲁诺·泽维（Bruno Zevi）曾对建筑的意义做过如下描述："建筑，几乎囊括了人类所关注事物的全部，若要确切地描述其发展过程，就等于是书写整个文化本身的历史。"建筑与自然、社会、政治、经济、技术、文化、行为、生理、心理、哲学、艺术、宗教、信仰等科学之间存在着各种各样复杂的联系。

（一）空间的殿堂

自古至今，建筑形式不断演变，建筑类型日益丰富，建造技术也日渐高超，但无论建筑怎样发展变化，其目的都是为了获得可利用的空间，以容纳人类某种特定的活动。这一点有史以来从未改变过。

空间于建筑的重要性，在我国春秋时期著名思想家老子（李耳）所著《道德经》里早有提及："埏埴以为器，当其无，有器之用，凿户牖以为室，当其无，有室之用。故有之以为利，无之以为用。"意思是说不论是容器还是房子，具有使用价值的是空间部分，而不是限定空间的实体。现代主义建筑大师瓦尔特·格罗皮乌斯（Walter Gropius）也曾提出："建筑，意味着把握空间。"建筑的目的是创造一种人为的环境，提供人们从事各种活动的场所。因此，空间是建筑的"主角"。

（二）艺术的盛宴

建筑（Architecture）本意为"巨大的艺术"，因此，建筑从其起源时就具有了自身的艺术特征，历来被列入三大空间艺术（建筑、绘画、雕塑）的首位，同音乐、电影、文学等其他艺术门类有着共同的特征：鲜明生动的艺术形象、难以抵挡的艺术魅力、不容忽视的审美价值、风格独具的民族特色、与时俱进的思潮流派以及按艺术规律进行的创作方法等。18世纪德国哲学家谢林（1775—1854年）曾说过："建筑是凝固的音乐"。因此，任何建筑都是艺术的创造结晶，都与社会的意识形态、大众的审美选择紧密相连，只是

表现形式与感染力度有所不同。

在西方，建筑凭借自身的庞大体量展示着辉煌的艺术魅力。从古希腊建筑的庄严典雅（图01）到古罗马建筑的气势恢宏（图02），从哥特建筑的神圣空灵（图03）到摩尔式建筑的圣洁沉静（图04），都堪称绝美的艺术精品。恩格斯曾这样评述："希腊式建筑使人感到明快，摩尔式建筑使人觉得忧郁，哥特式建筑则神圣得令人心醉神迷。希腊式建筑像艳阳天，摩尔式建筑像星光闪烁的夜空，哥特式建筑则像美丽的朝霞。"

在东方，建筑以递进的院落组合表达了东方的含蓄之美。从北京故宫的气势磅礴（图05）到江南园林的清丽脱俗（图06），从神社佛寺的安稳舒缓（图07）到日式园林的宁静平和（图08），无一不在诉说着沉静内敛的东方美学。

步入现代，建筑则呈多元化发展，从朗香教堂的无限遐想（图09a~09f）到悉尼歌剧院的多重象征（图10a~10c），建筑成果举不胜举，艺术成就灿若星河。建筑通过形体与空间的塑造，能够获得一定的艺术氛围，或庄严、或亲切、或幽暗、或明朗、或沉闷、或神秘、或宁静、或活跃，这就是建筑的艺术感染力。

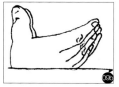

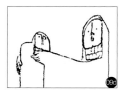

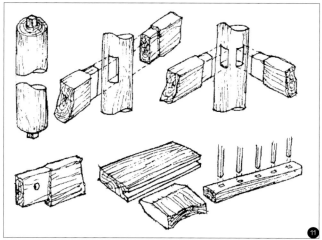

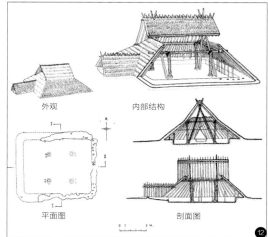

外观　　　　内部结构

平面图　　　　剖面图

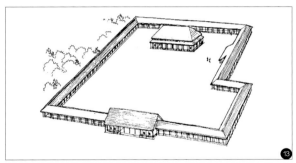

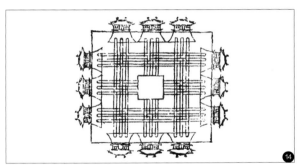

（三）人类的遮蔽所

建筑，容纳了人类的各项生活活动，反映着人与人的集合——社会，同时也表现出人和社会的各种物质现实和诸多观念形态。所以，建筑设计和建筑研究关注的重点应主要包括人的生理、心理、伦理和哲理等特征，以及社会层次上的诸多物质现象与意识形态，利用和发展积极的影响内容，避免或弱化消极的组成因素，最终实现人、建筑、环境的和谐共生。

二、风格与世变——
建筑的发展历程

回溯建筑的发展历程，可归纳为两大建筑文化体系：一是以中国古代木构架建筑为主体的东方古典建筑文化；二是以古希腊、古罗马时期创造的石质梁柱为主体的西方古典建筑文化。接下来将以时间为脉络，分别讲述东西方在各个发展阶段的建筑风格、典型特征及代表作品。

（一）中国古代建筑

在漫漫历史长河中，中国古代建筑历经朝代更迭、岁月洗礼，演化进程连续而缓慢，在现世、现实的观念指引下，始终延续了以木构架为主体的建筑体系。

1. 缘起——史前建筑

建筑的诞生源于人对居住的需求。伴随原始人群的繁衍、发展，史前建筑孕育而生，该时期建筑按所属地域和建筑形态可分为巢居、穴居两类。其中巢居以距今7000余年的浙江余姚河姆渡村为代表，其特征是应用榫卯结构，表明了技术的长足进步（图11）。穴居以距今5000余年的陕西西安半坡村遗址为代表，其特征是采用套间式的布局模式，反映了家庭私有制的出现（图12）。

2. 礼制的典范——殷周

关于殷商的起源，《诗经·商颂·玄鸟》以传说的方式做了如下描述："天命玄鸟，降而生商，宅殷土茫茫"。究其文明根植于何处，尚未有解，其中以河南偃师一带的可能性最大。观察在今河南偃师二里头发现的殷商宫殿遗址，可看到其整体平面呈廊院式布局。按照古人"尊中""崇北"的思想，宫殿位于院北正中，屋顶造型为等级最高的重檐庑殿顶（图13）。

至周朝，礼制盛行。《周礼·考工记》曾对都城做出明确规划："匠人营国，方九里，旁三门。国中九经九纬，经涂九轨。左祖右社，面朝后市，市朝一夫……"当时确立了都城规模、城门位置、数量，街道走向、宽度、主要功能布局等诸多要素，堪称我国最早的城市规划典范（图14）。其中"尊中"的观念在此体现得更为淋漓尽致。瓦的发明是周朝在建筑上的又一突破，由此摆脱了"茅茨土阶"的窘境，为中国传统建筑以木、土、瓦、石为基本材料的营造传统奠定了基础。

16.汉长安城平面图　　17.汉高颐墓阙　　18.汉礼制建筑　　19.穿斗式　　20.抬梁式
21.河南登封嵩岳寺塔　　22.山西太原天龙山石窟　　23.唐长安城

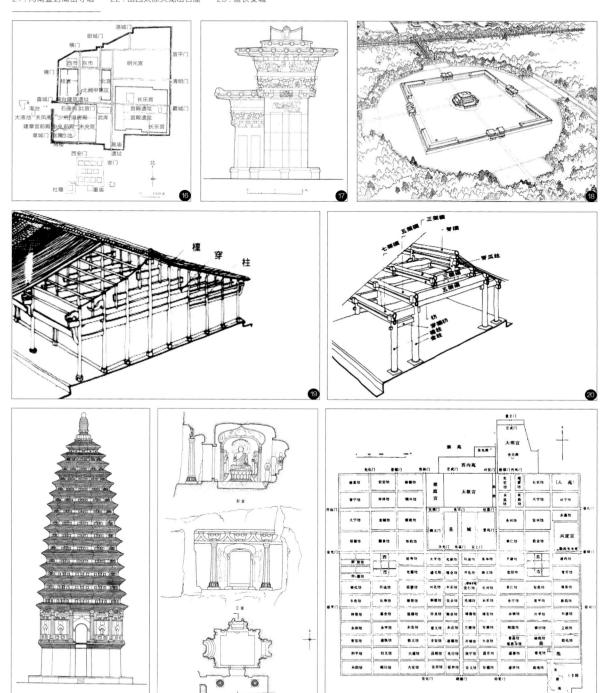

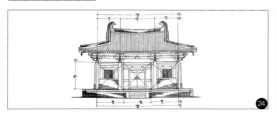

3. 恢宏的颂歌——秦汉

秦统一六国,开启封建王朝先河,鼎盛一时。在建筑上,这一时期令人瞩目的成就有三:一是"万里长城",西起临洮,东至辽东,蜿蜒曲折;二是阿房宫(图15),位于咸阳以南,"东西五百步,南北五十丈",气势恢宏;三是秦始皇陵,位于陕西临潼下河,墓呈方锥形,东西345米,南北350米,高76米,规模宏大。

两汉时期开疆拓土、国力强盛,迎来了中国古建筑第一个高峰期。班固的《两都赋》、张衡的《二京赋》均以巨笔谱写了帝都的形象气势、宫室布局、物产风情。其建筑成就枚举如下。城市建设方面,受"崇北"思想的影响,建造了形似"北斗",壮丽雄伟的长安城(图16)。陵寝建筑方面,伴随石材的广泛应用,墓室、墓阙(图17)、墓祠等日臻完善。礼制建筑方面,开辟了"明堂、辟雍",其布局形态为:外围环形水沟,中央正方形院落,院四周竖围墙,四角建廊庑,四方设门楼,正中为一座四面对称的主体建筑(图18)。建造技术方面,形成穿斗式(图19)、抬梁式(图20)两种最基本的木架构形式,制砖技术和拱券结构也获得长足发展。

4. 梵音与玄风——魏晋南北朝

这一时期,社会动荡,战乱频起,为避现实苦痛,佛教空前盛行,以佛寺、佛塔、石窟为代表的佛教建筑次第而生。现存最古老的河南登封嵩岳寺塔(图21)、举世瞩目的甘肃敦煌莫高窟、山西大同云冈石窟、河南洛阳龙门石窟均为该时期建造,此外比较著名的还有四川的大足石窟、甘肃天水麦积山石窟、山西太原天龙山石窟(图22)。

与此同时,在士大夫行列里,清淡之风盛行。他们以自然为宗,承老庄之学,淡泊名利,寄怀山水,论本末有无,探天地至理。在玄学的滋养下,山水式园林悄然生长。在园中开池引水,堆土为山、植林聚石,点缀亭台楼阁于上,借拟自然之景,摒除尘世纷扰,观照自我,重拾道心。

5. 雍容的气度——隋唐

隋朝天下一统,开凿了南北大运河,兴建了我国历史上最大的都城大兴城(唐长安城前身),修建了世界上最早的

敞肩拱桥——河北赵县安济桥。

唐朝堪称中国封建王朝的全盛时期。这期间政治清明,经济繁荣,并以兼容并蓄的豁达风度吸收融合了多元文化,在文化、艺术领域取得了空前成就。此时的建筑成就亦是璀璨夺目。城市规模蔚为壮观,宫殿建筑气势雄浑。唐长安城(图23)采用中轴对称布局,规划严谨,街坊整齐,达到了中国古代里坊制都城最完善的形态;位于长安城东北隅的大明宫,是世界古代史上面积最大的宫殿建筑群。王维所书"千官望长安,万国拜含元"正是描写各国使节朝拜大明宫的胜景。另外,中国佛教在这一时期得到稳固的发展,留存至今的佛教建筑有山西五台山南禅寺大殿(图24)、佛光寺大殿(图25)、西安大雁塔、西安小雁塔、玄奘塔等。

6. 南北对峙——两宋辽金

宋朝采取重文轻武、文人治国的施政方针,致使军事积弱,宋室南迁。但同时这个朝代也是中国历史上经济与文化教育最繁荣的时代之一。这一时期的建筑风格发生了较大转变:城市布局上废除了封闭的里坊制度,转以开放的街巷代之;建筑规模上较唐朝缩小,转而加强进深方向的空间层次,呈多进院落式;建筑类型上,增添了各类商铺、酒肆、茶坊等商业建筑。《清明上河图》以卷轴的方式将上述特征徐徐展开,娓娓道来,刻画景物栩栩如生,描述生动细致。与此同时,宋词园林同步兴盛,成为时代的文化标志。词人游处林下,觞咏填词,成就了千古流传的文学佳作和园林胜景。建筑技术方面李诫编撰了《营造法式》,规定了建筑用材的规范和标准,创立了古典模数制,以严整缜密的规格将建筑定型化。

较宋朝建筑的秀美雅致,辽代建筑延续了唐风的雄浑苍健,金代建筑则偏好于繁缛堆砌。三者留存至今的知名建筑包括山西晋祠圣母殿(图26、图27)、天津蓟州区独乐寺观音阁、山西应县佛宫寺释迦塔(图28)、山西大同华严寺和善化寺等。

7. 末世浮华——明清

短暂登场的元朝创建了规划完整、规模庞大、街巷布置极富韵律的元大都,为明、清时期的北京城建设奠定了基

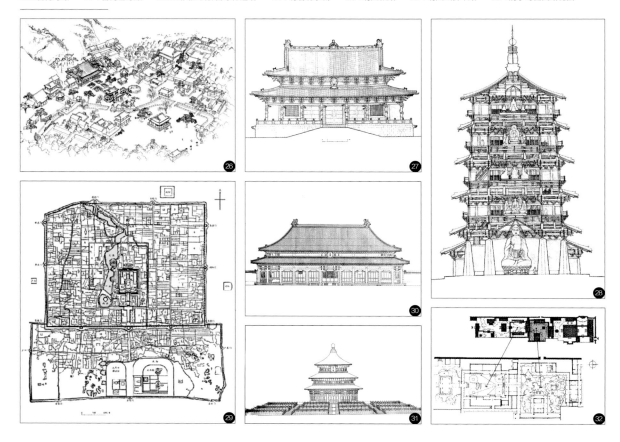

础。明朝提倡儒学，受儒家中庸、礼制思想的影响，从都城规划（图29）到宫殿（图30）、祭祀建筑（图31）都力求规整严谨，讲究中轴对称，建筑的规模、形式、色彩皆有定制。民间建筑大量涌现，其中以江南园林最为夺目，并有计成著《园冶》一书，将园林的精髓归纳为"虽由人作，宛自天开"和"巧于因借，精在体宜"。

清朝在建筑上因袭明制，园林建造登峰造极，皇家苑囿（图32）大肆兴起，包括北京西郊的三山五园和承德避暑山庄。园林的风靡源于历代皇帝的喜好，如"圆明园"，雍正释义为"圆而入神，君子之时中也；明而普照，达人之睿智也"。这一时期基于藏、蒙信仰和朝廷倡导，藏传佛教建筑得以兴建。在此时期建筑技术方面出现了《工程做法则例》，以规范官式建筑形制。

明清时期的建筑变化可概括为两方面。其一，制度的规范化。建筑的等级区分愈发明确，建筑群体布局更加规范严整，建筑单体则趋于定型化。其二，装饰的烦琐化。形态上

不同于唐宋建筑的舒展大气，明清建筑表现出严谨细密的特征。构件上，斗拱尺寸缩减，从结构功能蜕变为装饰功能。装饰上，彩画的定型化使建筑呈现色彩繁多、单调重复的形象。在历史的长河中，艺术的发展末期总会流于装饰，明清建筑亦复如是，最终以繁复的建筑形象为中国古典建筑拉下华丽的帷幕。

（二）西方古代建筑

文明的进化足迹牵动了建筑的发展轨迹，在西方古代时期，建筑从早期的雄伟庄严到古典的静穆高贵，经过中世纪的气势磅礴到文艺复兴的秩序和谐，呈现出丰富多样的建筑类型。

1. 开启历史的长河——早期建筑

早期建筑发展主要从古埃及建筑开始，后发展到古西亚、古爱琴海域建筑。

（1）古埃及建筑

位于非洲东北部尼罗河流域的古埃及是人类文明发祥地之一。其建筑方面有两个主要成就：一为金字塔，二为太阳神庙。基于灵魂不灭的信仰，古埃及人为已故法老建造了正方锥体金字塔，纯粹的形体象征着经典永恒的纪念，高耸的塔尖昭示着至高无上的庄严。其中最为经典的是吉萨金字塔群（图33），它包括胡夫金字塔、哈夫拉金字塔、孟卡拉金字塔及斯芬克斯（狮身人面像）。太阳神庙是为祭祀太阳神而建，其布局方式按纵轴延伸的方向依次排列入口、围柱式院落、大殿和密室。空间尺度逐层缩减，实现了从公共空间到私密空间的自然过渡，林立的巨石追溯着古老的文明。除此之外，神庙的杰出代表还有卡纳克神庙（图34）、卢克索神庙、阿布辛波大庙等。

（2）古西亚建筑

位于幼发拉底河和底格里斯河流域的绿洲平原，被称为"美索不达米亚平原"。历经古巴比伦王国、亚述帝国、新巴比伦王国、波斯帝国的交迭统治，出现了以土为原料的结构体系和装饰方法，由此发展形成的拱券、穹窿构造对后世的拜占庭建筑和伊斯兰建筑影响深远。这一时期的主要建筑类型包括观象台（图35）、宫殿建筑、空中花园等。

（3）古爱琴海域建筑

位于地中海东北部的爱琴海在克里特岛和希腊半岛南端先后诞生了米诺斯王国和迈锡尼王国。由此而诞生的克里特岛文明与迈锡尼文明共同形成了爱琴文明，这是古希腊文明的开端。流传至今的建筑遗址有克诺索斯宫殿遗址和迈锡尼狮子门（图36）。

2. 智与勇的史诗——古典建筑

在欧洲，古希腊和古罗马并称为"古典时代"，这一时期的文明辉煌灿烂，建筑更是盛况空前。基于民主、科学精神建造的古典建筑，具有人文和现实双重意义，对后世的影响广泛深远。

（1）古希腊建筑

古希腊建立了奴隶制民主共和政体，民主与自由的风气促进了哲学、自然科学与文化艺术的繁荣。德国艺术史家文克尔曼曾评论说："希腊艺术杰出的普遍优点在于高贵的单纯和静穆的伟大。"这种艺术特质集中体现在雅典卫城的建筑群中。卫城（图37）是为纪念波斯战争的胜利而建，坐落于山岗之上。其主体建筑包括帕提农神庙、伊瑞克提翁神庙、胜利神庙和卫城山门四部分。这些建筑的位置和朝向随地形景观而建，自由错落，参差不齐。

38. 帕提农神庙　　39. 万神庙　　40. 大角斗场　　41. 圣索菲亚大教堂　　42. 比萨教堂　　43. 巴黎圣母院

帕提农神庙（图38）是雅典卫城的核心建筑，呈列柱围廊式平面布局。其外立面采用质朴无华、庄严肃穆的多立克柱式，以象征男子坚毅刚强之美。神庙整体尺度合宜、比例匀称、庄重伟岸。伊瑞克提翁神庙位于帕提农神庙北侧，平面呈"品"字形布局，体形丰富、构图均衡、造型生动。其建筑主体采用精致细腻、典雅端庄的爱奥尼柱式，以象征女子婀娜娇柔之美。伊瑞克提翁的精巧灵动映衬着帕提农的素朴凝重，两者刚柔并济，阴阳互补，共同展现了古希腊辉煌的艺术成就。

（2）古罗马建筑

公元前1世纪罗马建立了横跨欧、亚、非的军事帝国。古罗马继承了古希腊晚期的建筑成就，并加以糅合改进，将古典建筑推向了巅峰。理论方面，马库斯·维特鲁威·波利奥著有《建筑十书》，将建筑要素提炼为"实用、坚固、美观"，对建筑学进行了系统的论述，影响深远。结构方面，综合了梁柱和拱券两种结构体系，创造了券柱式。建筑类型方面，除神庙外还创建了角斗场、浴场等多种公共建筑。

万神庙（图39）是单一空间、集中构图的典型代表，也是穹顶技术的杰作。穹顶直径、高均为43.3米。顶部开洞，光线从天而降，静穆壮观、神秘庄严，以极富艺术表现力的内部空间来感染观者。

大角斗场（图40）平面呈椭圆形，可容纳5万至8万人，由表演区、观众席和地下服务设施三部分组成。从立面看共四层，下面三层为券柱式，第四层是实墙，建筑整体气势磅礴、光影效果丰富多变，立面造型完整统一。

卡瑞卡拉浴场在结构上采用十字拱和券拱技术，特色鲜明。空间组织上将冷水浴、温水浴、热水浴三个大厅串联在中轴线上，形成贯穿流通的内部空间，将空间序列区分明确。除上述建筑外，古罗马时期还盛行建造凯旋门、记功柱等纪念性建筑，以彰显帝国的荣耀，歌颂王者的功勋。

3. 神权至上——中世纪建筑

从西罗马灭亡到资本主义萌芽这一期间是欧洲封建时期，称为中世纪。这一时期没有统一的国家，却有统一的宗教——基督教。它的发展壮大对中世纪的建筑影响深远。

（1）拜占庭建筑

古罗马分裂为东、西两个帝国，东罗马建都君士坦丁堡，史称拜占庭帝国。拜占庭建筑采用穹顶结构和集中式布局，使建筑呈现布局紧凑、主体突出的外形特征。最为典型的实例是圣索菲亚大教堂（图41），建筑中央覆盖大穹隆顶，结合东西两个半穹顶和南北两个大柱墩，结构井然有序，空间丰富统一。穹顶之下，券柱之间，空间相互渗透，彼此融合，连贯统一。

（2）罗马风建筑

罗马风建筑盛行于西欧封建社会初期，因继承了古罗

44.圣马可广场　　45.圣彼得教堂　　46.圣卡罗教堂　　47.法国卢浮宫　　48.美国国会大厦　　49.法国巴黎歌剧院

马半圆形拱券结构，风格略似，故而得名。其主要代表是比萨教堂（图42），教堂平面呈拉丁十字布局，十字交叉处有一椭圆形穹顶建筑，是洗礼堂。教堂后面是钟塔，因地基倾斜，又称"比萨斜塔"。其建筑立面采用连续券，风格统一、造型精美。

（3）哥特式建筑

伴随着城市的经济占据主导地位，市民文化逐渐渗透到教堂建筑中，形成以尖券、骨架券为主体结构的哥特式教堂。巴黎圣母院（图43）是这一时期的杰作。其建筑立面由一对塔楼和中庭山墙构成，垂直象限由柱墩分为三段，水平象限则由两行平行的雕饰分为三层，正中有象征天堂的玫瑰窗。哥特式教堂的外部形象突出"高、直、尖"三大特点，内部空间强调向上升腾的动势，表达了对天国的向往。

4. 人性的唤醒——文艺复兴时期建筑

伴随生产技术和自然科学的进步，产生了以意大利为中心的人文主义运动——文艺复兴运动。这一变革激发了文学和科学的普遍高涨，一如大河奔泻，众流归注，掀起了反封建、反宗教神学的巨浪。建筑随之摆脱了教会的束缚，进入群星璀璨、繁花似锦的崭新阶段。

（1）文艺复兴建筑

源于意大利的文艺复兴运动开启了反封建、倡理性的人文主义思潮。建筑方面提倡复兴古罗马的建筑风格，取代象征神权的哥特风格。文艺复兴建筑一反哥特时期的高耸与尖翘，转而追求整齐、统一与理性。这一时期巨匠辈出，建筑范例不胜枚举。此处以圣马可广场（图44）、圣彼得教堂（图45）为例，略窥一斑。

圣彼得教堂从最初设计到最终完成几经周折，历时120年，最终由米开朗基罗主持完成。建筑平面呈拉丁十字布局，中央覆穹顶，内部装饰华美精致、富丽堂皇。圣彼得教堂集中了16世纪意大利建筑、结构、施工的最高成就，是世界上最大的天主教堂。

圣马可广场被誉为"欧洲最漂亮的客厅"，由两个梯形平面空间复合而成。广场中心是圣马可教堂，主广场正对教堂呈东西向布置，南北两侧分别为新、旧市政厅。次广场呈南北向与主广场垂直相接，东侧为总督府，西侧为图书馆，南端面向亚得里亚海，以两根立柱为结束。主次广场的交接处竖一钟楼统筹全局。建筑的整体外貌彼此协调、相互统一，空间的起承转合拿捏到位、收放自如。

（2）巴洛克建筑

文艺复兴后期，由耶稣教会掀起了巴洛克风潮。其特点是运用堆砌装饰追求视觉效果，不惜以矫揉造作的手法（如曲线、曲面、折断的山花、檐部等），力求空间的凹凸起伏、运动变化。这时期的代表作品有罗马圣卡罗教堂（图46）等。

（3）古典主义建筑

继意大利文艺复兴之后，法国兴起的古典主义成为欧

50.英国国会大厦　　51.红屋　　52.布鲁塞尔都灵路12号住宅　　53.维也纳邮政储蓄银行　　54.爱因斯坦天文台　　55.乌德勒支住宅　　56.第三国际纪念碑

洲建筑的发展主流。古典主义强调理性和秩序，倡导轴线对称、主次分明、中心突出、形体规则，推崇纵、横方向的三段式构图手法，力求稳定统一。这时期的典型实例有卢浮宫（图47）、凡尔赛宫等。

5. 新旧之交——复古主义思潮

在工业革命前夕，西方建筑经历了一段复古主义思潮，其建筑风格发展的主要倾向有三种：古典复兴、折中主义和浪漫主义。

（1）古典复兴

受启蒙运动的影响，古典复兴结合了古希腊的优美典雅和古罗马的雄伟壮丽，追求自由、平等、博爱的民主精神。代表建筑有美国国会大厦（图48）等。

（2）折中主义

折中主义模仿并拼合了历史上的各种风格、形式、手法，追求比例均衡和形式美。这样风格的代表建筑有法国巴黎歌剧院（图49）等。

（3）浪漫主义

浪漫主义强调个性自由，主张运用中世纪的艺术风格与学院派的古典主义相抗衡。其建筑代表有英国国会大厦（图50）等。

复古主义思潮在19世纪末渐被湮灭，随后粉墨登场的"新建筑运动"标志着近现代建筑运动的开端。

（三）世界近现代建筑

19世纪下半叶至20世纪下半叶，世界建筑发展发生了翻天覆地的变化，这一时期的建筑统称为近现代建筑。本节分别从新建筑运动、现代建筑运动、现代主义建筑大师和现代建筑之后四个环节对其发展过程一一梳理。

1. 新建筑运动

继工业革命之后，欧洲进入工业化时期，建筑方面新的功能与旧有的形式彼此矛盾，而新技术、新材料的出现又为建筑的革新提供了条件，促使建筑摆脱传统束缚，创造顺应时代的新形式。这一时期涌现的思潮有以下两种。

（1）工艺美术运动

工艺美术运动源起英国，由约翰·拉斯金（John Ruskin）与威廉·莫里斯（William Morris）发起。其主旨是提倡手工艺生产，追求自然材料的美。在建筑上，倡导自然灵活的布局形式。其代表作是菲利普·韦布（Philip Webb）和威廉·莫里斯（William Morris）设计的"红屋"（图51）。"红屋"平面设计呈L形，立面材料选用当地产的红砖，不加粉饰。这种结合功能、材料与造型的尝试对其后的建筑创作有所启发。

（2）新艺术运动

新艺术运动起源于法国，是工艺美术运动在法国的深

57.芝加哥百货公司大厦　　58.透平机车间　　59.包豪斯校舍　　60.萨伏伊别墅

化与发展。法国设计师兼艺术品商人萨穆尔·宾于1895年在巴黎开设了设计事务所"新艺术之家"，并与一些同行朋友合作，决心改变产品设计现状。其核心为推崇艺术与技术紧密结合的设计，力求创造一种新的时代风格。主张采用熟铁装饰来模仿自然的曲线美。典型实例是维克多·霍尔塔（Victor Horta）设计的布鲁塞尔都灵路12号住宅（图52）。

（3）维也纳学派与分离派

维也纳学派的创始人是奥托·瓦格纳（Otto Wagner）。他在《现代建筑》（Moderne Architektur）一书中指出：新结构、新材料必然导致新形式的出现。维也纳学派的代表作是维也纳邮政储蓄银行（图53）。该设计作品线条简练、不施粉饰，特别是钢和玻璃的结合应用，为现代建筑结构的发展奠定了基础。而维也纳分离派则是从维也纳学派中分离而出的，在设计形式上主张造型简洁和几何装饰，瓦格纳也是主要代表人物之一。

2. 现代建筑运动

第一次世界大战结束后，新建筑运动发展为现代建筑运动。之后几十年现代主义广泛传播，彻底淹没了复古主义思潮，形成了风靡全球的"国际式"风格。这一时期流派众多，风格迥异，具体列举如下。

（1）未来主义

未来主义产生于意大利，强调科技和工业交通改变了人的物质生活方式，人的精神生活也必须随之改变。在建筑方面，主张"动"与"变"，提倡运用斜线和椭圆创造富有动态的建筑机体，以此表达新时代精神。

（2）表现主义

表现主义兴起于德国和奥地利，注重表现个人的主观体验。建筑形式上偏好应用夸张奇特的形体表现特有的思想情绪。代表作是埃里克·门德尔松（Erich Mendelsohn）设计的爱因斯坦天文台（图54），建筑采用流线型形体，开不规则窗洞，以表现神秘莫测的氛围。

（3）风格派

风格派源于荷兰，主张最好的艺术是几何形的组合与构图。其代表作是格里特·托马斯·里特维德（Gerrit Thomas Rietveld）设计的乌德勒支住宅（图55），建筑将构件还原为点、线、面要素，通过彼此的穿插错落，配合红、黄、蓝三原色的应用，达到抽象组合的视觉效果。

（4）构成派

构成派始于俄国，强调几何形体的空间结构，认为建筑必须反映构筑手段。代表作是弗拉基米尔·塔特林（Vladimir Tatlin）设计的第三国际纪念碑（图56），采用铁和玻璃两种材料组合成螺旋状塔，在表达材料与结构的同时，实现技术与艺术的融合。

（5）芝加哥学派

伴随现代高层建筑的出现，芝加哥学派孕育而生。代表人物路易斯·亨利·沙利文（Louis Henry Sullivan）提出

"形式追随功能"，开辟了功能主义先河。他设计的芝加哥百货公司大厦（图57），通过网格式处理手法，创造了典型的"芝加哥横长窗"形式。

（6）德意志制造联盟

德意志制造联盟倡导提高工业制品的质量，并主张建筑与工业相结合，代表实例是彼得·贝伦斯（Peter Behrens）为德国通用电气公司设计的透平机车间（图58）。该建筑造型简洁，摒弃装饰，屋顶采用钢三铰拱结构，以提供开阔的空间，立面应用大玻璃窗以获取充足的采光，该建筑由此被誉为第一座真正的"现代建筑"。

3. 现代主义建筑大师

继现代建筑运动之后，涌现了现代建筑派，其包含两方面内容，一是以德国的瓦尔特·格罗皮乌斯、密斯·范·德·罗厄和法国的勒·柯布西耶为代表的欧洲先锋派，他们是运动的主力；另一是美国弗兰克·劳埃德·赖特为代表的有机建筑派。

（1）瓦尔特·格罗皮乌斯（Walter Gropius，1883—1969，德国）

格罗皮乌斯是现代主义建筑学派的奠基人和领导人之一，也是包豪斯学校的创始人。他提出了艺术与技术相统一，设计与工艺相结合等全新设计理念，并设计了包豪斯新校舍（图59）。校舍按功能分区，采用灵活自由的布局模式，充分发挥新材料、新结构的特点以获取独特的艺术效

果，是现代建筑史上的一个里程碑。

（2）勒·柯布西耶（Le Corbusier，1887—1965，法国）

勒·柯布西耶是现代建筑运动的激进分子和主要倡导者，出版了《走向新建筑》一书。他主张建筑走工业化道路，提倡机器美学。受立体主义影响，宣扬几何形体。在萨伏伊别墅这个经典作品（图60）中总结了"新建筑五要素"——底层的独立支柱、屋顶花园、自由的平面、横向长窗和自由的立面——反映了"居住机器"的设计理念。

（3）密斯·范·德·罗厄（Mies van der Rohe，Ludwig，1886—1969，德国）

密斯·范·德·罗厄是现代主义建筑大师之一，他提出了"少就是多""全面空间""纯净形式"等设计理念，以新材料、新技术为手段，追求纯粹精美的外在形式和匀质流动的内部空间，并提出"功能服从空间"这一设计原则。其代表作为巴塞罗那世博会德国馆（图61），该设计利用自由延伸的墙体突出空间的流动性。

（4）弗兰克·劳埃德·赖特（Frank Lloyd Wright，1869—1959，美国）

赖特是20世纪美国最著名的建筑师之一，以"有机建筑论"而闻名，强调建筑应顺应自然环境，善用传统的砖石、木材为建筑材料。其知名作品"流水别墅"（图62），是利用了地形悬于山林瀑布之上，表现出随季节更迭呈不同意境。

该建筑通过自身方向、材质、色彩、光影的对比，实现了与自然环境的渗透融合。

4. 现代建筑之后

第二次世界大战以后，现代建筑走向多元化。新一代的建筑师认为建筑应超越功能和技术的局限，可以施用装饰，并与不同的自然条件和社会文化相结合，形成地方特色。在这样的思想引导下，出现了以下几种新的流派。

（1）技术精美主义

技术精美主义以钢和玻璃为材料，加以精心施工，追求严缜的理性逻辑和精美的艺术效果。其代表人物是密斯·范·德·罗厄，在他设计的范斯沃斯住宅（图63）中，屋顶和地板合围的玻璃盒子以八根钢柱支撑，空间开敞通透，造型简洁纯净。

（2）粗野主义

粗野主义追求粗犷的建筑风格，以表现建筑自身为主，讲究形式美，着重展示混凝土的粗糙厚重。代表实例是勒·柯布西耶设计的马赛公寓（图64），粗壮的柱墩撑起庞大的建筑体量，未经加工的混凝土展现着原始的粗野和狂放。

（3）典雅主义

典雅主义借鉴古典建筑的美学法则和构图手法，运用现代的材料结构塑造简洁的形体，再现古典建筑的端庄典雅。代表作是爱德华·迪雷尔·斯通（Edward Durell stone）设计的美国驻新德里大使馆（图65），建筑立面由外而内依次是钢柱、漏窗式幕墙和玻璃墙，呈现出庄重华贵的气度。

（4）高技派

高技派崇尚机器美学和技术美学，主张用最新的材料，通过暴露结构构件与设备管道，强调技术工艺与时代精神。代表实例是伦佐·皮亚诺（Renzo Piano）和理查德·乔治·罗杰斯（Richard George Rogers）设计的蓬皮杜国家艺术文化中心（图66），裸露的结构设备使其看起来更像一个化工厂，与传统文化建筑的典雅庄严相去甚远，建筑因此备受争议。

（5）"人情化"与地域性

"人情化"与地域性讲究采用传统的地方材料和多样化的建造手法，主张在造型上化整为零，强调建筑体量与人体尺度的关系，并注重民族传统的继承。其代表人物是雨果·阿尔瓦·赫瑞克·阿尔托（Hugo Alvar Herik Aalto），由他设计的珊纳特赛罗镇中心主楼（图67）巧妙利用地形，使空间呈现多层次的变化和渐进式的布局，尺度宜人，并与环境自然融合、相互映衬。

（6）象征主义

象征主义着重表现建筑个性，将设计思想寓意于建筑形象中，激发人们的联想。手法包括具体象征和抽象象征两种。代表实例分别有柯布西耶设计的朗香教堂（图68）和埃罗·沙里宁（Eero Saarinen）设计的杜勒斯国际机场候机楼（图69）。

73．拉维莱特公园

74．维特拉家具博物馆

75．韦克斯纳视觉艺术中心

76．拉维莱特消防站

（7）后现代主义

后现代主义批判现代的纯理性主义，强调历史的延续性，追求复杂性和矛盾性，宣扬"文脉主义""隐喻主义"和"装饰主义"。代表实例有罗伯特·文丘里（Robert Venturi）设计的栗子山母亲住宅（图70）、菲利普·约翰逊（Philip Johnson）设计的美国电话电报公司总部大楼（图71）和迈克尔·格雷夫斯（Michael Graves）设计的波特兰市政厅（图72）。

（8）解构主义

解构主义反对结构主义的稳定有序、确定统一，他们着力于破坏分解，采用扭曲、错位、变形的手法，追求无序、松散、失稳的效果。代表实例有伯纳德·屈米（Bernard Tschumi）设计的拉维莱特公园（图73）、弗兰克·欧文·里（Frank Owen Gehry）设计的维特拉家具博物馆（图74）、彼得·埃森曼（Peter Eisenman）设计的韦克斯纳视觉艺术中心（图75）、扎哈·哈迪德（Zaha Hadid）设计的拉维莱特消防站（图76）。

（四）当代建筑脉动

现代主义盛行之际，建筑设计一度转向全面机械化、设备化模式。然而人类对地球资源毫无节制的消耗，给环境带来了极大的危机，伴随20世纪70年代石油危机的爆发，机械万能的思想受到当头棒喝，环境污染和资源匮乏威胁着人类的生存和发展，影响到建筑领域，牵引了"地域建筑"（Vernacular Architecture）和"生态建筑"（Ecological Architecture）两大思想脉动。

1．"地域建筑"脉动

所谓"地域建筑"脉动，旨在反对现代建筑一味地追求巨型化、设备化和人工化，而忽略了地域气候和地方建材；主张建筑应师法自然，顺应风土。部分设计者纷纷转向没有受到近代工业文明污染的"原始建筑""传统民居"去寻找灵感，挖掘"地方风格""乡土特色"，使"地方民居"的研究蔚为风尚。"地域建筑"脉动不但引发了"地域主义"风格，同时赋予新建筑许多令人感动的乡土词汇，使建筑充满了人文关怀。

2．"生态建筑"脉动

"生态建筑"脉动，可以说是对机械文明提出严重控诉的环境设计理论。"生态建筑"萌芽于生态学，受生物链、生态共生思想的影响，对过度人工化、设备化环境提出彻底的质疑。"生态建筑"强调使用当地自然建材，尽量不使用近代能源及电化设备；提倡建筑采用覆土、温室、蓄热墙、草皮屋顶等节能措施，并且充分利用风能、太阳能等自然能源。"生态建筑"脉动不仅促进了日后"生态建筑学"的形成和发展，还将建筑研究范围拓展到整个地域的生态环境领域。

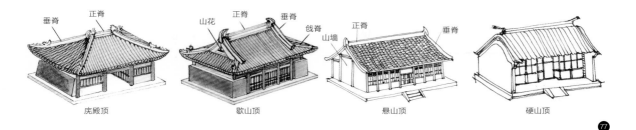

庑殿顶　　　　　　　　歇山顶　　　　　　　　悬山顶　　　　　　　　硬山顶

⑦

三、适用、坚固、美观——建筑的基本要素

古罗马伟大的建筑师维特鲁威在其所著的《建筑十书》中基于当时的社会经验和建筑理解，最早提出了建筑的三要素：适用（utilitas）、坚固（firmitas）和美观（venustas）。以此体现了建筑的三个重要属性：适用性、技术性和艺术性。时至今日，维特鲁威所建立的建筑学体系仍然有着重要的参考价值。

随着人类文明的发展，建筑的适用性、技术性和艺术性不断被赋予更丰富的内涵。"适用性"不只局限于功能流线的合理布置，还应考虑使用者生理、心理、行为需要，结合这些基本需要，来设计出更为人性化、更有本土味道的建筑；"技术性"不仅仅意味着结构体系的坚不可摧，还需要有安全保障，如给排水、采暖与制冷、照明与供电等现代设备为生产生活的安全、舒适提供稳定可靠的供给保障；建筑的艺术语汇不再局限于形式美法则（变化统一、均衡稳定、比例尺度、节奏韵律），而逐渐拓展到空间与形体对应的逻辑之美，精美结构与机械的技术之美，与自然融合的生态之美等等。本节将分别从功能流线、结构构造和空间形体三方面入手，对建筑的三要素进行新的诠释。

（一）适用性——功能与流线

"适用"作为衡量建筑的主要标准，被解释为："当正确无碍地布置供使用的场地，且按各自的功用以正确的朝向适当地划分这些场地后，就会达到适用的标准。"即"适用"为针对"功能"符合程度的评价。

功能作为建筑构成要素主导，决定建筑的规模、形式甚至造型。功能是建筑艺术区别于其他艺术的首要特征。建筑

的价值有很重要一部分取决于它对功能的满足程度。

1. 基本含义

"适用"作为建筑的主要标准，被解释为："应当正确无碍地布置供使用的场地，即按各自的功用以正确的朝向适当地划分这些场地后，就会达到适用的标准。"

"适用"是针对"功能"符合程度的评价。建筑功能、建筑技术和建筑形象构成了建筑的基本构成要素。其中，建筑功能作为主导，决定建筑的规模、形式甚至形象。建筑物根据使用性质可分为生产性建筑和非生产性建筑两大类。生产性建筑包括工业建筑（厂房等）、农业建筑（温室等）；非生产性建筑统称为民用建筑，包括居住建筑（住宅、公寓、别墅等）及公共建筑（教学楼、办公楼、剧院等）。

2. 传统意向与现代诠释

从古至今，建筑的目的总不外是创建一种人工环境，供人们从事各种活动。原始社会中人们的生活活动相对简单，对建筑的需求停留在提供蔽所，因而建筑是否"适用"，其评判标准即避风雨、御寒暑、防敌兽。

随着社会意识形态的发展，建筑逐渐有了新的功能需求，建筑"适用性"的内涵日渐丰富。东方文明倾向于按照等级制度严格区分不同功能。自先秦时期开始，统治阶级的思想意识居于主导地位，传统建筑的形制和规模均成为社会等级制度的体现。往往通过限制建筑的规模、外部形式和装饰内容来明确建筑的功能和等级。其中最为显著的屋顶的样式即具有严格的等级划分。庑殿顶等级最高，歇山顶次之，然后依次为悬山顶、硬山顶和卷棚顶。其中前两者只适用于王公贵族，故宫的太和殿采用的便是重檐庑殿顶；悬山顶、硬山顶多见于民间；卷棚顶则常用于园林中（图77）。

通过屋顶样式明确了自身的功能和地位之后，传统建筑以组群围合庭院的方式纵向展开，形成特有的空间序列和合理的功能流线。以北京天坛为例（图78），在"回"字形平面的布局基础上，用六个门及相应通道来组织祭祀活动的

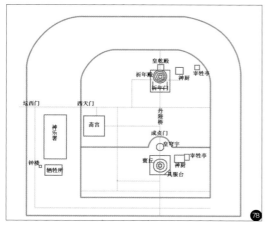
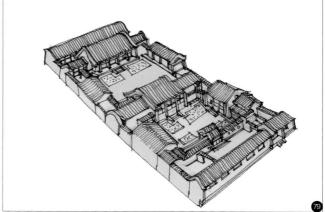

流线，其中一条南北向大道上有三个主体建筑，圜丘、皇穹宇和祈年殿。每逢祭祀，此大道不仅作为主要通道，同时结合三个主要建筑形成气势宏伟的场所，通过对皇权神力的渲染，达到"昭告天下"的祭祀目的。

再来看民居四合院（图79），以内聚的姿态形式，折射出古人内敛的精神特质。伴随社会、家庭生活内容的日益丰富，建筑中的功能分区也日趋复杂。这样的建筑采用院落形式，自东南隅进入，依次排布公共性的门房、厅堂，私密性的寝室、书斋、绣房，以及最为私密的祠堂（供奉神灵或祖先）等不同功能用房，形成由外而内、由动到静的空间序列。层层深入，带给人逐级加强的安全感，从而满足居住功能和心理需求。出于对健康生活的综合考虑，旱厕多置于庭院的西南角，避开东南—西北方向的主导气流，以免污浊的空气流进室内。

与中国古代着重于塑造群体建筑不同的是，西方建筑自古罗马时代自成体系之初即有较明确的建筑类型，单体建筑的塑造更为突出。在古罗马时期，欧洲人为了追求建筑功能大力推进建筑技术和艺术的发展。本着追求恒久建筑的目的，用石材和混凝土建成"巴西利卡式"建筑，将空间分

割，分别作为集市、教堂等公共建筑。

到了早期工业文明时期，森严的社会等级制度逐渐分崩瓦解，取而代之的是人性的解放和人本思想的崛起。这一时期，建筑的"适用性"更多体现在为满足使用者实际的生产生活需要的目的上。现代主义建筑的先驱们曾经提出"形式服从功能"的口号。这一思想将深陷于浮华装饰和符号化的建筑拉回到现实世界，并对使用者本身给予了更多的关注。因缘际会，人体工程学得以发展，即研究人体各种活动（行走坐卧等）的基本尺度的学科。在这一历史背景下，使用者的活动尺寸与建筑空间尺度的逻辑关系，成为现代建筑"适用性"的重要内容。

然而不少现代主义建筑师，将建筑的"适用性"与"机械化、模数化"等同起来，过分强调建筑功能的逻辑性和合理性，忽视了人对建筑安全感、归属感、文化认同感等情感方面的需求，往往会违背建筑对使用者的"适用性"原则。

范斯沃斯住宅作为现代建筑的代表作品之一，其设计师密斯·凡·德·罗一度被业主告上法庭。原因是整个房子就像一个"水晶盒子"，四面全是玻璃，让独身的女业主倍感不便。而且玻璃的保温、隔热性能较差，冬季寒气冻得人浑身

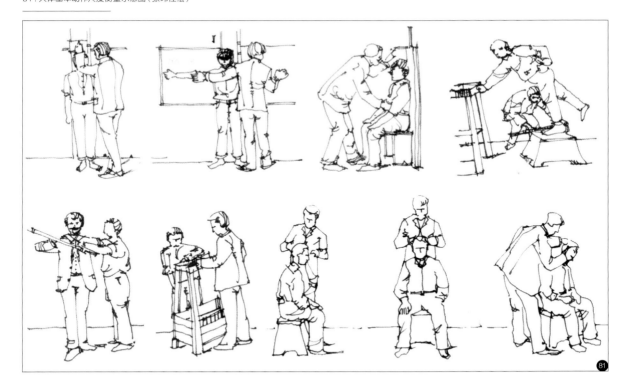

打战，夏天骄阳又晒得人大汗淋淋。另外造价太高，给业主带来了经济困难。

历经岁月坎坷，建筑的功能界限趋于模糊，而形式的需求日益增加。当文化符号、高度与形象成为某些特定建筑的追求主题时，以符号化的形象特征表达建造者的深层意向即成为一种潮流（图80）。"功能"的传统概念与现代价值产生碰撞，当代建筑的"适用性"不再局限于单纯满足使用功能，反而转向综合考虑使用者生理、心理、行为等多重需求。结合这些基本需求，"适用性"意味着建造更为人性化、更有人情味儿的建筑。

3. 功能与建筑设计

功能空间是构成建筑实体的基本元素，任一功能空间都具备特定而明确的使用需求，依据人体尺度与生理需求、用途和流线决定各空间的体量大小，其中包括平面尺寸及高度、空间属性为私密或是开放以及交通流线的组织，这些都是结合使用功能对建筑空间做出的回应。

（1）人体尺度与生理需求

为了满足人的使用活动需求，建筑需满足人体活动的基本尺度。人体基本尺度属人体工程学研究的最基本数据之

一。人体工程学主要以人体构造基本尺寸为依据，通过研究人体在环境中对各种物理、化学因素的反应和适应力，分析环境因素对生理、心理以及工作效率的影响程度，确定人在生活、生产等活动中所处的各种环境的舒适范围和安全限度，因而确定的基本动作尺度（图81）。

而人的生理要求是指人们对阳光、声音、温度等外界物理因素的需要，落实到建筑上主要是对建筑朝向、保温、防潮、隔热、隔声、通风、采光、照明等基本要求，并通过辅助手段来满足某些特定空间的防尘、防震、恒温、恒湿等特殊要求。根据使用功能的不同，对建筑朝向和开窗的处理也不同。例如起居室、幼儿活动室、病房等，可争取好的朝向和较多阳光，选择朝南；而实验室、书库等应避免阳光直射，选择朝北。

（2）用途与流线

建筑功能的满足及建筑的"适用"，主要表现为人能在其中实现其行为活动。而不同的行为需要不同的功能空间来予以满足。例如，日常生活所需的起居、烹饪、盥洗及贮藏空间，因其功能不同，这些房间在大小、形状、朝向和门窗设置上都有各自不同的形式和尺寸：客厅与卧室较为开敞，

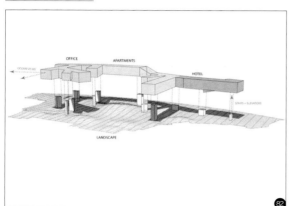

| 断崖上的横穴 | 袋形竖穴 | 袋形半穴居 | 直壁半穴居 | 屋建于垣上 |

厨房与卫生间相对封闭。就单体空间而言，依其活动内容和使用人数来决定面积和长宽比。卧室和客厅的形状应具备较大的灵活性，不宜过分狭长，长宽比不应超过2∶1，对厨房的要求相对低一些，由于功能单一，且使用人数较少，可在水暖与烹饪设备合理设置的基础上，采用狭长或不规则的空间。

在满足单体空间的基础上，还需考虑群体空间的组合方式。一幢建筑的空间组合形式和房间位置安排，是根据该建筑主要使用者的行动路线决定的，按照合理的流线组织各内部空间及室内外空间的次序。

在满足室内外空间组织合理的基础上，各个功能空间之间的联系也需要合理组织（图82），在组织空间时要全面考虑各个房间之间的功能联系，按照功能联系组合房间。

为了达到流线合理的目的，建筑需要满足功能布局合理、交通流线清晰的条件。交通路线通常是进入建筑的路径以及建筑内部各房间之间的连接纽带，在功能布局合理的基础上，清晰的交通意味着避免人流交叉，达到良好的导向性。

（3）体量与形状

空间的体量指空间的大小和容量，一般以平面面积来控制。根据功能需要，空间要满足基本的人体尺度以达到理想的舒适状态，其面积和高度应满足相应参考数值。一般家庭起居室面积宜为20㎡左右，而容纳1000座的影剧院观众厅则需达到750㎡左右。

空间的形状同样受到功能的制约。在符合使用面积的基础上，功能空间以哪种形状出现，成为一种优化组合的过程。以教室为例，过大的长宽比会影响后排学生使用，而过小的长宽比则会在使用黑板时产生反光现象。空间的形状常见矩形，亦可使用圆形、梯形等，在满足功能的基础上，可灵活运用空间形状（图83）。

（二）技术性——结构与构造

蜘蛛结网、老蚕作茧、燕子筑巢、蚂蚁堆砌蚁丘，每一种动物都以一定的方式构筑自己的生存空间，人类更是如此。因此，为人类生产生活提供安全的场所，是建筑最基本的目标，也是建筑"技术性"的本质。

结构是建筑物的骨架，对建筑的造型和形式影响深远。费兰普顿说："建筑的根本在于建造，在于建筑师应用材料并将之构筑成整体的创作过程和方法。建构应对建筑的结构和构造进行表现，甚至是直接的表现，这才是符合建筑文化的。"结构是建筑设计中必须遵循的法则。

1 . 建筑技术

蜘蛛结网、老蚕作茧、燕子垒窝、蚂蚁堆砌蚁丘，每一

85.原始巢居发展序列（张玮佳临摹）　　86.斗拱构件　　87.抬梁式结构　　88.拱券结构　　89.穹窿结构　　90.哥特时期的建筑结构

独木槢巢　　　　多木槢巢　　　　　　　　干阑式建筑　　　　　　　　　　85

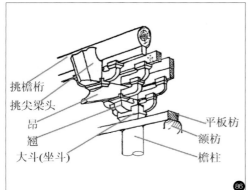

挑檐桁
挑尖梁头
昂
翘
大斗(坐斗)

平板枋
额枋
檐柱

86

87

88

89

尖券拱

飞扶壁

90

种动物都以一定的方式构筑自己的生存空间。因而为人类生产生活提供安全的场所是建筑最基本的目标，也是建筑"技术性"的本质。早期建筑技术所提供的仅仅是安全保障，随着社会科学技术的进步，"技术性"的内涵获得了不同程度的扩充。

在东方，原始社会的生产工艺落后，建筑形态十分简单，或凿穴、筑巢而居（图84、图85）或采用自然原材料（木、石、竹等）筑成房屋。我国浙江余姚发掘出的公元前6000年的河姆渡遗址，发现了许多榫卯结构的木屋构件，说明新石器时代木结构房屋已取得了长足的技术进步，堪称世上罕见的早期建筑技术成就。

秦汉时期建筑技术进一步发展。尽管我们常说"秦砖汉瓦"，其实制瓦技术始于西周。砖、瓦是人类掌握冶炼技术后，通过煅烧而制成的建筑材料，比普通的石材具有更好的耐久性，不易随气温和湿度的变化出现剥落现象。

斗拱构件（图86）的出现，既加大了木材间的接触面积，又巧妙地运用了杠杆原理，极大地提高了木结构的承载能力。得益于木结构体系（图87）的进步，我国建筑大屋顶、挑檐深远的艺术形象得以实现。

在西方，古希腊时期的石头建筑运用梁柱承重体系创造了高大的庙宇建筑，如帕提农神庙，其平面尺度达69.5m×30.9m，柱子高达10.43m；罗马人运用砌块抗压

91.范斯沃斯住宅　92.汇丰银行　93.蒙特利尔67号住宅　94.东京银座　95.梁板结构　96.框架结构

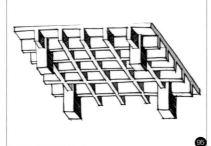
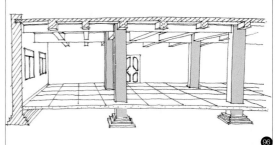

力性能优于抗剪力和抗弯能力，发明了拱券和穹隆结构（图88、图89），实现了建筑在尺度的上又一次突破；哥特时期的尖拱券和飞扶壁结构（图90），让教堂和城堡建筑达到了单层空间空前的高度。从传统建筑发展到现代的摩天大楼，我们十分骄傲地看到建构技术开创的文明之路。

在现代工业建造体系下，建筑的整个寿命周期（建材的开采、运输，建筑的搭建和施工，建筑运行阶段的给排水、采暖与制冷、照明与供电，建筑的拆除与废弃物处理）都离不开工程技术的支撑。现代建筑的"技术性"不仅仅意味着结构的坚固，还包含现代机电设备为生产生活的安全、舒适提供稳定可靠的供给保障。

"技术"不只起到安全保障的作用，还可以成为精神层面的更高追求。技术精美主义（图91）追求建筑构造与施工的精确性，并认为技术的精美便可升华为艺术；当代装配式建筑（图92）采用预制构件在工地组装而成，构件的标准化带来了建筑风格的变革；高技术派认为高技术是人类文化的独特体现，因此将现代建筑的结构、管道、电梯、升降机等技术构件作为建筑形体的构成要素，形成了独特的技术美学（图93、图94）。

2. 建筑结构

什么是建筑结构？结构是建筑的骨架，它为建筑提供合乎使用的空间并承受建筑的全部荷载，抵抗由于风雪、地震、土壤沉陷、温度变化等可能因素对建筑引起的损坏。结构的坚固程度决定着建筑的安全和寿命。

建筑功能要求多种多样，不同功能都需要有相应的建筑结构来提供与之对应的空间形式。功能的发展和变化促进了建筑结构的发展。从原始社会至今，建筑的结构也经历了一个漫长的发展过程。

以墙和柱承重的梁板结构（图95）是最古老的结构体系，至今仍在沿用。它由两类基本构件组成，一类构件是墙柱，一类是梁板。其最大特点是：墙体本身既起到围合分隔空间的作用，同时又要承担屋面的荷载，因此，一般不可能获得较大空间。

框架结构（图96）也是一种古老的结构体系，其荷载及构件自重的传递过程是：由楼板传递给梁，经梁传给柱，由柱传给柱基，再由柱基传给土地。它的最大特点是承重的骨架和围护、分隔空间的墙体明确分开，墙体不承重，位置可改变，因此可以获得较大的使用空间。现代的钢筋混凝土框架结构则是这种普遍采用的结构体系。

伴随着近代材料科学的发展和结构力学的兴起，相继出现了桁架结构、钢架结构和悬挑结构，这些结构大大增加了空间的体量。第二次世界大战结束后，受仿生学影响，建筑结构中又出现了壳体结构。壳体结构外形来自"贝壳"，外形合理、稳定性好，可以覆盖很大的面积。新型结构中还有折

折板结构　　　　双曲面薄壳结构　　　　网架穹窿型薄壳结构　　　　悬索结构　97

98

99

板、网架和悬索结构（图97），都大大发挥了材料的特性，自重轻、强度高。另外，帐篷式（膜结构）建筑、充气式建筑也逐渐出现在人们的视野里。今天，大家所能看到的摩天大楼多采用这种结构体系中的剪力墙结构和井筒结构。

位于北京中央商务区的中央电视台大楼（图98），其设计者雷姆·库哈斯（Rem Koolhaas）借助于结构技术，创造了一个上部由两个方向悬挑超过70米的超大尺度的三维空间，形成前所未有的建筑形象，夺目耀眼，蔚为奇观。在科学技术日新月异的今天，人类对建筑结构的探索与创造还会一如既往地继续下去。

3. 建筑材料

建筑材料对于建筑的发展有着重要的意义。砖的出现，使拱券结构得以发展；钢和水泥的出现促进了高层框架结构和大跨度空间结构的发展，而塑胶材料则带来了面目全新的充气式建筑。同样，材料对建筑的装修和构造也十分重要，玻璃的出现给建筑的采光带来了方便，各种新型材料的饰面板也正在取代各种抹灰的湿操作。

建筑材料品种甚多，为了"材尽其用"，首先应了解建筑对材料有哪些要求及各种不同材料的特性。那些强度大、自重小、性能高和易于加工的材料是现代理想的建筑材料。

越来越多的复合材料正在出现，国家游泳中心（水立方）（图99）外表面采用的ETFE膜材料（乙烯—四氟乙烯

共聚物）是一种新型轻质高分子复合材料，具有优良的热学性能和透光性，是现代大跨度外墙材料的使用趋势。新型建筑材料强化了传统建筑材料的防火、隔热、防水、隔声等功能。对建筑师而言，需十分关注、积极探索新材料的运用，同时做到就地取材，以期创造出更新颖、更合理、更安全的建筑空间，使建筑真正和谐地融于自然，实现可持续发展。

4. 建筑施工

建筑只有通过施工才能"为人所用"。建筑施工一般分为两个环节：一是施工技术，包括人的操作熟练程度、施工工具和机械、施工方法等；再是施工组织，涉及材料的运输、进度安排、人力调配等。

由于建筑体量庞大，类型繁多，同时又具有艺术创作的特点，几个世纪以来，建筑施工一直处于手工业和半手工业状态，只是在20世纪初，建筑才开始了机械化、工厂化和装配化的进程。机械化、工厂化和装配化可以大大提高建筑施工的速度，但它们必须以设计的定型化为前提。近年来，我国一些大中城市的民用建筑，正在逐步形成设计与施工配套的全装配大板、框架挂板、现浇大模板等工业化体系。

建筑设计中的一切意图和设想，最后都要受到施工的检验。因此，设计工作者不但要在设计工作之前周密考虑建筑的施工方案，而且还应该经常深入现场，了解施工进展，以便协同施工单位，及时解决施工过程中可能出现的各种问

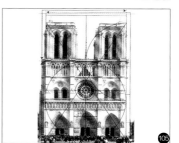

题，保证建筑的"坚固性"在施工中不受影响。

5. 建筑设备

建筑设备涵盖暖通、电气、给排水等工种。其中，给排水工程主要包括清洁水的供给、污水废水的净化与排放、雨水收集、中水利用、消防供水等；电气工程主要是电力供给、自动控制、网络、电信电话等弱电工程；暖通工程包括空气的制冷和加热、新鲜空气补给和废气、烟气排放等。

6. 建筑节能

在建筑设计中考虑环境保护、降低能耗、可持续发展，已是当今建筑设计的基本要求，针对节能所设计的一体化建筑层出不穷。常用的节能方式有自然通风采光、墙体及屋面保温隔热、太阳能利用、水循环利用、地下冷热源利用、能源错峰利用、建筑材料再生利用等。

对于建筑节能，"水立方"游泳馆的设计有许多独到之处：特殊的屋面处理使雨水收集率达到100%，独特的给排水设施使游泳中心80%的耗水得以收集、净化和循环利用，此外还应用空调系统对废热进行回收、采用ETFE膜材料和相应技术使场馆白天能利用自然光，节约了大量能源。

（三）艺术性——空间与形体

建筑是通过想象实现的空间艺术。认识建筑应该从空间想象开始。"空间是流动的音阶。"无论是山间、乡村、都市、街道，只要有空间就可以感受到生命的节奏。古今中外对于空间的艺术有着不同的诠释。

1. 凝固的永恒——立面造型

很长一段时间里，建筑三要素中的"美观"被理解为建筑的造型艺术，这与西方古典建筑静穆典雅的审美趋向息息相关。建筑的立面表情作为庄严永恒的象征，以沉稳优雅的神态气度讲述着悠远古老的美学法则。

（1）简单与统一

古代的一些美学家认为简单、肯定的几何形状可以引发人的美感，现代建筑大师勒·柯布西耶也说过"原始的体形是美的体形，因为它能使我们清晰地辨认。"所谓原始的"形"包括圆、三角形、正方形，"体"则是与之对应的球体、正四面体、正方体。这些原始体形（图100）以其单纯明了、完整统一的形态特征赋予建筑经典永恒的纪念意义。

（2）主从与重点

古希腊哲学家赫拉克利特（Heraclitus）认为"自然趋向差异对立，协调是从差异对立而不是类似的东西产生的"。启示人们在有机统一的整体中，各组成要素应有主从差别，突出重点。这种观念体现在古典建筑中，常以高大体量建筑为主体置于中央，周边对称分布小体量建筑，形成集中统一、主次分明的布局形式，以传达尊卑有序的等级观念，典型实例是文艺复兴时期的圆厅别墅（图101）。

（3）均衡与稳定

在古代，人们崇拜重力，并形成了一套与重力相关的审美观念，就是均衡与稳定。古典建筑采用对称布局和上轻下重

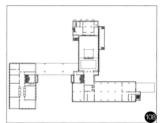

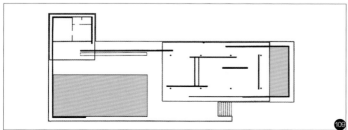

的做法以获取这种均衡稳定的构图形式。如帕提农神庙（图102），立面山墙采用略微内倾的形式，以免站在地面的观察者有立墙外倾之感。在柱子的排列上，只有中央两根垂直于地面，其余都向中央略微倾斜，使整体结构更加稳固。

（4）对比与微差

对比是指要素间显著的差异，微差则是不显著的差异，就形式而言，这两者都是不可或缺的，它们的结合应用可以在变化中求得统一。典型的建筑实例是圣索菲亚大教堂（图103），以半圆形拱作为立面要素，大小相间、配置得宜，既有对比又有微差，构成和谐统一又富有变化的有机统一整体。

（5）韵律与节奏

亚里士多德（Aristotle）认为爱好节奏和谐的美的形式是人类生来就有的自然倾向。人们以自然现象、规律为模仿对象创造出了或连续、或渐变、或起伏、或交错的韵律美。这种美广泛应用于建筑中，使建筑被誉为"凝固的音乐"。如古罗马输水道（图104），通过三种大小不同半圆形拱的分层排列，获取连续渐变的韵律美。

（6）比例与尺度

古希腊的毕达哥拉斯学派认为万物最基本的因素是数，数的原则统治着宇宙中的一切现象，美也不例外。他们探求什么样的数量比例关系才能产生美的效果，于是发现了"黄金分割"。在建筑中，比例体现为建筑长、宽、高的比值关系，和谐的比例使建筑高矮匀称、宽窄适宜。很多古典建筑实例（图105）证明当建筑外轮廓接近于圆、正三角形、正方形时，就会产生和谐统一的效果。

2. 辩证的交融——空间与形体

到了近现代，建筑更加强调空间的意义，认为建筑是空间的艺术。事实上，空间与形体犹如一体两面，不能割裂看待。两者的差别只在于观察角度的不同，空间的美重在内部体验，而形体的美则流于外部表现，它们的完美结合诠释了美观的真正内涵。建筑之美不仅表露于外部形体，同时也体现在内部空间之中。

（1）基本含义

在认识建筑的空间形体之前先要了解什么是"空间"，从哲学角度阐释，空间是与实体相对的概念。凡实体以外的部分都可以看作空间，空间是无形的存在。从科学角度解释，空间是与时间相对的概念。作为一种客观存在，空间表现在长、宽、高上的延伸。

从建筑角度出发，有两段话可以作为空间的最好释义。一段是开篇提到的老子的论述，其中论证了空间与实体相互依存的辩证关系，表明空间通过实体的限定得以存在，并指出建筑的目的是创造空间。另一段是现代建筑家芦原义信在《外部空间设计》中的阐述："空间是由一个物体同感觉它的人之间产生的相互关系所形成的。"表明空间的感知主体是人，并强调了主观体验的重要性。

（2）产生方式

空间的产生非常微妙，孔子于树下讲学，围绕树荫形成一个特定的学习交流空间；帝王于圜丘祭天（图106），三层

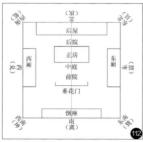

石阶划分了神圣与凡俗的空间界限。生活中这样的例子比比皆是,雨天的一把伞,田野上的一方地毯(图107),都可以从环境中限定出独特的空间。空间的产生就是这样的简单有趣,那么建筑空间又是怎么产生的?在建筑中,空间的产生源于界面的改变,所谓界面包括水平方向的屋顶、地面和垂直方向的柱、墙、门、窗。界面通过形状、材质和高度的变化对空间进行围合限定,创造出不一样的空间效果。

(3)空间变化

相比较古典建筑,现代建筑最突出的变化有两个方面:一是空间由静态转向动态,二是空间由封闭转向开放。这与功能的发展、材料的更新密不可分,同时也与现代审美观念的变化息息相关。与古典建筑的沉静内敛大相径庭,现代建筑追寻的是一种灵动自由、内外交融、绽放自我的空灵之美。

a. 空间之"动"

空间的灵动自由可以通过两方面实现:一是水平方向的变化组合,如包豪斯校舍(图108),采用风车状的平面布局,突破中心对称的传统模式,呈现出动态变化的空间形式。二是垂直方向的自由延伸,如巴塞罗那世博会德国馆(图109),采用不同方向延伸的墙体,将空间灵活分割,并由此产生"流动空间"这一概念。

b. 空间之"融"

空间的内外交融同样可以通过两方面实现:一是界面的延伸变化,如流水别墅(图110),采用出挑的平台和纵伸的墙体,丰富建筑轮廓线的同时弱化了空间的内外分界,进一步加强了彼此的渗透融合。二是材质的透明处理,如范斯沃斯住宅,立面采用大面积的玻璃窗,促使室内外空间融为一体。

这里面最值得一提的是萨伏伊别墅(图111),通过坡道的应用将内外空间有机联系在一起,同时赋予空间动态体验,行走于坡,伴随时间的流逝,感受空间由外而内,再由内而外的连续变化,给人以游历的体验和想象的余暇。

3. 流逝与回归——空间与时间

空间与时间的融合最能体现在中国古典建筑中,古人在"日出而作,日落而息"的生活中,由空间的变化得到时间的观念。《尸子》所云:"上下四方曰宇,古往今来曰宙",便是将空间、时间加以联系统一。在《易经》中更是将"变"看成宇宙的普遍规律,提出"广大配天地,变通配四时"。这种时空对应的观念在传统建筑中得以广泛体现。

(1)方位与象征

古人认为天有昼夜,地分南北,天有五星分列,地具五行方位。并以方位对应的关系阐释对宇宙的理解。通过东南西北"四方"来象征春夏秋冬"四时"。在建筑中,采用四个方向的建筑围合,能够突出时空一体的对应特征(图112)。

(2)"中虚"与"蕴气"

《梦溪笔谈》提道:"在天文,星辰居四方而中虚,八卦分八方而中虚,不虚不足以妙万物。"传统建筑透过"庭院"(图113)这一内化的外部空间,将建筑与自然双向连接、互为补充。庭院的出现形成了一个自然坐标,使围绕它的房屋得以明确方位,同时为"气"的凝聚流动提供场所,赋予时空流动性。居者于庭院之中感悟四时变化,体味人生冷暖,于有限的空间中体会无尽的时间变化。

(3)"人在景中"与"步移景异"

传统建筑以群组的方式纵向展开,时间的流逝借由空间的延伸得以呈现。建筑内部多用门窗隔扇等虚体分隔,视线可以穿越,路线得以贯通,人行走其中,迈过一道道门槛,穿过一扇扇屏风,伴随时间的推移,空间渐次变化,步移景异,就像一幅缓缓打开的卷轴,让身处其中的人领略时空流转的美。

20世纪生态学发起的环境运动牵动着建筑美学的变迁。随着对大自然法则和运行规律的探索(达尔文发现了物竞天择、适者生存的物种进化过程,生物学家解开了生命自身的遗传密码),人们将这些原理影响建筑设计以实现人类与自

印度桑吉大佛塔　　　　　　山西应县佛宫寺释迦塔　　　　　　日喀则绒布寺（红教）

夏河拉卜楞寺（黄教）　　　圣彼得堡滴血大教堂（东正教堂）　　米兰主教教堂（天主教堂）

然的融合，一种根植于地域环境的建筑"风土"美学应运而生。"风土"是一个地方特有的自然环境（山川、气候、物产等）和习俗的总称，建筑的风土美学是使建筑顺应地方自然环境和文化的美学思想，师法自然、顺应风土是其最高的美学境界。

四、天、地、人的交融——建筑与环境

20世纪以来，伴随社会的飞速发展，与建筑有关的社会问题、自然问题日渐凸显。面临全球化趋势，多元的传统建筑文化该如何延续？面临日渐恶化的全球环境，建筑该如何与自然和平相处？尽管人们对此类问题争议很大，但建筑的社会和自然属性却是可以肯定的，即除了实用性、技术性和艺术性，建筑还存在空间跨度上的民族、地域差异，存在时间跨度上的时代差异和历史延续性，存在与大自然不可分割的生态性。

（一）建筑的社会属性

建筑的社会属性有着丰富的内涵，除前述的适用性、技术性和艺术性外，还包括民族性与历史性。

1. 民族性

民族的前身是部落和氏族，是一个社会集合，拥有自身的社会结构。不同的民族存在宗教信仰和伦理观念等方面的差异，这些不同点在建筑中有相应的体现。当我们看到大坡屋顶、木构架、石台基时，能识别出这是中国传统建筑，这样的建筑便成了中华民族的一个"符号"，具有了民族性。

民族的宗教特征在建筑上的体现十分明显，建筑常被赋予传达教义的宗教含义。印度佛教建筑与我国的佛教建筑差异悬殊，这是因为印度佛教宣扬的是遁世、无情的思想，而我国佛教经过与儒家、道家思想的融合，体现出现实的、理性的一面，因而我国佛教建筑与世俗建筑形式相近。

无独有偶，藏传佛教不同教派的佛教建筑在色彩、形制、装饰等方面都存在较大差异；欧洲中世纪出现东、西两大教派，东欧信仰东正教，西欧主要为天主教，两大教派的教堂建筑也体现出明显不同的形态（图114）。

各民族的伦理观念在建筑上也有充分的体现。我国传

吉萨金字塔   巴黎圣母院

京都东大寺(唐)

上华严寺(辽金)

南海观音寺(宋)

山东金山寺(明)

统建筑遵循"天人合德""尊卑有序""内外有别"的伦理思想。建筑平面强调中轴对称的宇宙秩序，并根据朝向赋予房间不同的尊卑次序——"北屋为尊，两厢次之，倒座为宾"；院落式布局，对外采用高墙围合，各房间向内部的庭院开敞，体现出古人"内外有别"的人生观——对外应讲究伦理秩序，对内寻求家庭温暖。

西方希腊时期的伦理观承认个人的价值，具有明显的人本主义特征。在这一伦理思想的影响下，神庙的柱式(图115)均以仿效人体比例为美，雕塑、绘画等装饰艺术也常以人体为素材，塑造出各种惟妙惟肖的艺术形象。而中世纪宣扬存天理灭人欲，强调神的旨意，教会作为神的化身具有最高统治权，这一时期的建筑为了接近上帝而追求垂直高度的极限(图116)。

2. 历史性

在人类七千年的文化历史中，建筑被认为是最永恒的一种表现形式(图117)。一般来说，建筑的存在期很长，少则十几年、几十年，多则上百年乃至上千年。吉萨金字塔距今已有4500余年的历史；希腊帕提农神庙已存在2400余年；我国的传统建筑为梁木体系，易腐烂且易燃，因而难以久存，但山西五台山的南禅寺大殿也已有1200余年的历史。

欧洲人称建筑为"石头的史诗"，建筑作为社会行为的结果，其营建过程必然受到社会政治、经济、文化、技术水平甚至军事的影响，因此建筑物便具有了类似文字和绘画的"记录"功能，人们用建筑语言来书写着特定历史时期的人类文明。正如法国文学家雨果所说的："巴黎圣母院的每一块石头，都不仅是我们国家历史的一页，还是科学和文化史的一

中山陵

岭南派建筑

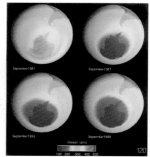

页"。雕塑家罗丹也说："整个法兰西文明就包含在巴黎的大教堂中"。

　　建筑的历史发展，往往存在连续性。在东方传统儒家、道家、佛教融合的文化范式下，中国古代建筑的演化进程连续而缓慢，从唐宋至明清，建筑只在屋顶坡度、起翘、装饰等方面发生微妙的变化（图118）；从门窗形式的演变，西方建筑发展的连续性可见一斑。

　　社会赋予了新建建筑以时代的特征，在社会发展的长河中已建成的建筑物又融为历史文化的组成部分，这样便构成了建筑的历史性。为了实现建筑文化的延续，新建建筑与建成建筑的协调问题就显得至关重要。追溯我国近代建筑的发展历程，伴随着西方强势文明的冲击，不少建筑师为建筑的中西合璧做出努力，例如林克明开拓性地将现代主义精神与岭南地域特点以及庭园文化相结合，吕彦直在中山陵的设计中巧妙地将中式陵园空间与现代建筑材料结合（图119）。今天传统文化正在复苏，人们普遍认识到建筑遗产保护的重要性，众多学者投身到传统建筑文化继承和延续的实践研究中。

（二）建筑的自然属性

　　建筑的社会属性有着丰富的内涵，除前述的适用性、技术性和艺术性外，还包括民族性与历史性。

1. 生态性

　　置身于繁华的都市，人眼所及是琳琅满目的商场超市，听到的是机械嘈杂，空气中尾气满溢，任春去秋来室内温度总是不变。久而久之，人们习惯于高度人工化的生活方式，淡忘了什么是鸟语花香，忘却了雪的寒冷和树下的阴凉，甚至忽略了自己作为自然人的存在。

　　事实上，人类并未脱离全球生态系统，建筑作为人类社会生活的背景幕，对资源的消耗和对环境的污染是超乎常人想象的。根据欧洲建筑师协会的估计，全球的建筑相关产业消耗了地球能源的50%，包括水资源的50%、原材料的40%、农业损失的80%，同时产生了50%的空气污染、42%的温室气体、50%的水污染、48%的固体废弃物、50%的氟氯化合物（臭氧层杀手）（图120）。显然建筑已成为具有全球性影响的生态学的研究对象。

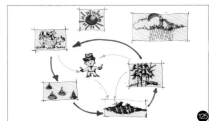

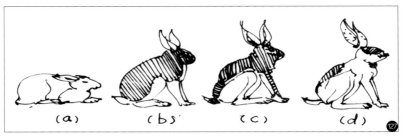

（1）建筑消耗资源

建筑产业在我国曾造成严重的耕地损失，因为在2000年以前有95%的建筑墙体采用实心黏土砖，每年取自农田的烧砖用土达14.3亿m³，每年毁坏农田达50万亩，使得我国人均耕田面积迅速减少。

有鉴于此，我国政府积极鼓励城市建筑采用钢筋混凝土构造（简称RC建筑）以替代黏土砖构造，然而近年RC建筑对于砂石的大量需求，已对环境产生了更严重的破坏。1998年江西九江大堤因为滥采河砂而发生崩岸；江苏省浦口区七坝河口，因为非法采砂将河床挖深8米~40米不等，连续多次发生崩岸事件；广东省的乱挖滥采河砂，曾先后导致潭口大桥、四新大桥、水东桥、人和大桥等桥梁倒塌；广东珠江口因为采砂造成河床下降后，咸水上溯使部分水厂受到污染，影响居民用水。另外咸水入侵还破坏了鱼类和植物的生存环境，有些品种甚至灭绝；除了滥采河砂，陆砂的开采不仅破坏山林，更破坏了宝贵的生物栖地，造成珍贵物种面临灭绝的危机（图121、图122）。

（2）建筑排出废弃物

建筑是高污染、高耗能的产业，其一砖、一瓦乃至一根钢筋、一块玻璃都是环境的污染之源。以天然石材的开采为例，太湖边的湖州市为上海建设大量开采石材，仅"水冲石矿"这一道开采工序，每年就要产生500万吨泥沙和石屑，这些废弃物或堆积成山或直接排入太湖和黄浦江，致使山林

破坏、水体污染、空气粉尘含量严重超标（图123）。

比起石材，水泥的污染范围更是无远弗届，我国每生产一吨水泥，就排放1.0吨CO_2、0.74公斤SO_2、10公斤粉尘；每生产一吨石灰要排放1.18吨CO_2，两项合计每年排放CO_2达6亿吨；另外钢、水泥、玻璃、建筑陶瓷、砖、砂石等建材，每年生产耗能1.6亿多吨标准煤，占我国能源总生产量的13%左右。

此外，建筑的营建过程及日后拆除产生的废弃物污染也非常严重。每平方米的RC建筑物，在施工阶段约产生1.8kg的粉尘、0.24m³的剩余土方和0.31m³的固体废弃物，拆除阶段产生1.23m³的固体废弃物。不但对人体危害不浅，还造成废弃物处理的负担，许多厂商随意倾倒营建废弃物，造成山川受到严重污染（图124）。

大自然是一个物质和能量循环、能量再生的生态系统（图125），她用最少的资源创造了最多的美和财富。人类是地球生态循环的重要环节，却用最多的资源创造出拥有最少财富和美丽的建筑和城市，这一过程仅有10%的资源来源于再循环利用（图126）。只有改善建筑对资源的高消耗和低利用效率，合理高效地运用自然，建筑的"生态性"才能得以持续。

人类和自然两个系统亟待融合。这种融合是根据生态学的规律将人类整合到全球生态系统中，并使每个系统（人类社会、动植物、微生物等）都可利用更低一级系统的废弃

128．干冷地区建筑　　129．热湿地区建筑　　130．吊脚楼　　131．埃及神庙

物来满足自身需求，并创造财富和美丽。一旦完成了这种融合，我们的建筑就会如雨林和珊瑚礁一样具有无限的生命力，呈现出错综复杂、井然有序的美丽景象。

2. 地域性

地区气候、自然资源和地域文化对建筑的形成和发展有一定影响，特别是在建造技术、通信技术不太发达的古代，地域限制尤为明显，从而使各地区的建筑表现出独特的地区特征，这既是人们利用自然，改造自然的记录，也是建筑生态性在不同地域的表现。

（1）地区气候

从生物学的贝格曼Bergmann法则中（Bergmann，1865年，德国生物学家）不难理解气候与建筑地域性的关系。Bergmann法则认为温血动物为了适应不同的寒暑气候而改变其体形大小（图127）。在同种的温血动物中，生长在越寒冷地区的动物为了维持体温并减少散热，常演化成体形较大的品种，且耳朵、尾巴、角翼、啄等突出部位较短小；相反地，生长在热带的动物则演变成体形较小的品种，以增加散热表面积。

事实上，这些保温防热的法则也部分适用于人类的演化。过去我们常听闻说"北方人人高马大，南方人小巧玲珑"，就是此法则的写照。有人曾统计过欧洲人的体重和体表面积，发现较寒冷气候下的德国人较肥胖，而较温暖气候下的意大利人较为瘦长，这也是Bergmann法则的明证。

人类的传统建筑文化业常符合上述Bergmann法则。例如越寒冷地区的住家通常越集中，且外形通常做成方正、浑圆、平整的造型，内部房间围绕着采暖的壁炉烟囱而设而热

建筑概述　**31**

浙江乌镇

江西婺源

湿地区应有"深深的遮阳"和"美丽的阴影";泛亚热带地区则以"适中的开口""丰富的阴影"和"充分的通风"为特色。

（2）自然资源

在自然资源方面建筑地域性体现为因地制宜，这就意味着利用当地的土地、水源、能源和材料，采用当地的建造技能和技巧。古代建筑提示着我们如何在材料不够丰富，施工全靠手工劳动、交通不发达，食物、水和能源就地开采的情况下进行建设。我国西南山区木构建筑，既充分运用了丰富的木材资源，又利用了木结构弹性的特征，采用"吊、挑、拖、坡、梭"等做法形成丰富多样的"吊脚楼"（图130），与起伏不平的山地融为一体；而在埃及，无论是金字塔还是祭祀建筑都采用石材筑成（图131）；古罗马没有丰富的石材，便用当地丰富的火山灰粘合成类似混凝土的砌块，并根据砌块材料受压不受剪的力学特点，发明拱券结构，形成了特有的建筑形式。不可否认，流传至今的本土建筑才是最适

意大利陶尔米纳小镇

奥地利小镇

于当地状况的形式，吸取再循环、再利用、再更新的方法和经验，利于我们应对资源匮乏的未来。

（3）地域文化

在这个多元化的社会，建筑的地域性还被赋予了广泛的社会和文化内涵。中世纪的欧洲修道院依照生态原则开垦土地、生产粮食，人性地饲养动物，用当地的材料建造房屋，汲水并循环使用，遵循着与自然和谐相处的生存方式。一些小城镇和发展滞后的地区，还留存着这样一种自然而然的生活，正是这种根植于自然的人文气息，令人对乌镇、婺源、陶尔米纳这样的古镇（图132a~132d）难以释怀。无可辩驳，脱离了文化，局限于节约资源的建筑设计可能是索然无味和缺少品位的。

许多发展中国家在学习西方现代建筑的同时，常不顾自己的地域环境和文化，一味抄袭西方建筑造型，造成建筑纹理混淆与都市风格错乱，也造成严重的环境破坏和能源浪费。关注建筑的地域形式及其蕴含的科学理念和文化内涵，使建筑设计在地域性与国际化之间取得平衡，应是建筑发展的深层范畴。

第二篇

模型篇

所谓模型，《说文解字》注解为："以木为法曰模，以竹为之曰范，以土为型，引申之为典型"。在古代，营造构筑之前，利用模型来权衡尺度，审曲面势。在现代，模型更是材料、工艺、理念的融合。模型制作的过程也是塑形的过程，所以提升对形态的理解能力和审美眼光对于制作模型至关重要。本篇分为形态构成与模型制作两章，以形态构成原理为知识背景，从中提炼造型方法作为模型制作的理论指导。

第二章
形态构成

树叶脉络分明，贝壳凹凸有致，自然的美无处不在，若细心洞察，会发现皆有规律蕴含其中。形态构成研究"形"以及"形"的构成规律，是一切造型艺术的基础。作为一门研究造型艺术的学问，形态构成诞生于工业革命背景下的包豪斯学院，除受到现代艺术的影响外，它还吸收了视觉心理学的诸多成果，因而兼具艺术与科学的双重特征。研究形态构成一是要探寻其自身规律，二是要挖掘符合审美要求的构成原则。这就需要我们在强化抽象思维的同时提升艺术修养，以便在纷繁的形态中做出敏锐的选择。

枝繁叶茂，繁荣之中蕴含着主次有序的生长机理；星河璀璨，绚丽背后隐藏着有条不紊的运行轨迹。万事万物皆有其理。我们把外像的"物"定义成"要素"，内在的"理"称之为"结构"。在形态构成中，"结构"就是将"要素"组织起来的造型方法。

任何复杂的形都可以分解为简单的基本形，基本形又由基本要素构成。基本要素可分为概念要素和视觉要素两类。

一、点线面体——形的概念要素

概念要素即抽象化的点、线、面、体。其彼此间的划分是相对的，在一定条件下可以相互转化。保罗·克利（Paul Klee）就此转化关系做如下描述："所有的绘画形式，都是由处于运动状态的点开始的，点的运动形成了线，得到第一个度。如果线移动，则形成面，我们便得到了一个两度的要素。在从面往空间的运动中，面面相叠形成体（三度的），总之，是运动的活力，把点变成线，把线变成面，把面变成了空间的量度。"可见，点是所有形式的原生要素，其他要素都是从点派生出来的。

（一）点

点可以标识空间位置，没有长度、宽度、深度，因而它是静态的、无方向的，而且是集中性的。

1. 单点

单点可以标识出一个范围的中心，因而具有向心性和集中性（图01）。

点没有量度，如要在空间中明显标出其位置，必须把点投影成垂直的线要素，映射到建筑中，独柱（方尖碑、纪念碑）是单点的实例。

独柱意为"生命之木""世界的中心"，在心理上具有支撑作用。在空间上通过独柱的设立确定了坐标方位，因而具有中心性，并由此形成一个引力场，吸引人环绕其驻足停留，进而衍生出纪念性（图02）。

美国国会大厦前的方尖碑（图03）挺拔笔立、直指苍穹，脚下是平静开阔的水域，两者刚柔并济，为观者讲述着坚毅与豁达、力量与柔美的故事。

在中国，华表（图04）历经了千年的蜕变，已从针砭时弊的"谤木"转型为彰显功勋的"绩功柱"，如今更是化为了民族的象征，国人的脊梁，成为屹立于亿万同胞心中不朽的丰碑。

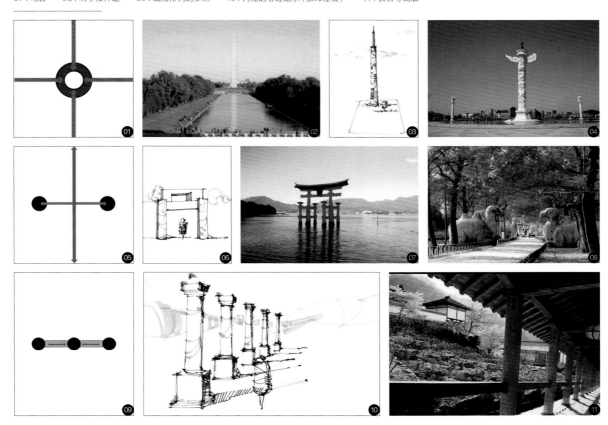

2. 双点

　　双点构成线的两端，由于彼此间的张力而具有分离性和限定性（图05）。

　　双点应用于建筑中为两根柱子构成的"门"（图06），由此派生的牌坊、凯旋门等都是双点的实例。

　　"门"意为"出入之口"，门的出现划分了内外两重的心理界限，从门而入便进入了另一个世界领域，因而独立设置的门极富象征意味，它的精神意义远大于实际功效。

　　鸟居（图07）以其轻盈灵巧的身姿兀自矗立于茫茫水面之上，水天一色的清明澄澈衬映着明朗醒目的朱红牌坊，恍如开启了一扇从人间通往仙境的大门。

　　在建筑中双点之间可以限定一条轴线，轴线的出现强化了空间序列，这是历史上惯用的手法，神道便是最好的例证。在中国明孝陵前对称排列的石兽一字展开，静穆庄严，漫漫长路凝结着历史的苍凉厚重（图08）。

3. 多点

　　按规律集合的多点可概括为线性排列的点和阵列分布的点。

　　（1）线性排列的点

　　线性排列的点具一般有秩序性、节奏感和连续性等特性（图09）。

　　在建筑布局中，点呈线性排列的典例是列柱，它在引导方向的同时形成了一个界面，将空间划分为内外两重，此时的空间既有分割性又有渗透性，同时还具有引导与暗示的作用（图10）。

　　双排列柱化身为廊，廊最利于突出空间层次，以其"随形而弯，依势而曲，或穷水际，通花渡壑，蜿蜒不尽"的身姿，表现出深幽、氤氲之美。

长谷寺山廊（图11）缜密有序，蜿蜒而上。素朴的长廊掩映着绚丽的山色，在阳光de沐浴下落下秩序井然的影。为我们展现了一幅简与繁、光与影、有序与有机相互对照、彼此映衬的画面。

（2）阵列分布的点

阵列分布的点形成面域，具有静态的稳定性和匀质性的特性（图12）。

在建筑中阵列分布的点常用于立面窗的分布或平面柱子的排列，这时点自身的特性弱化了，逐渐被面取代。点的密集程度越高，面的特征越明显。

布达拉宫（图13）立面密布着方窗，窗的尺寸极小，既可抵御严寒的侵袭，又能防御外敌的入侵。壁垒森严的宫殿屹立于雪域之巅，气势雄浑，巍峨壮观。

（二）线

一个点可以延伸成一条线。线有长度，但没有宽度和深度，在视觉上表现出方向、运动和生长的特性。

1.水平线

水平线具有稳定、平缓、舒展的特性，呈静态的视觉特征（图14）。

在建筑中水平线的应用引导人的视线沿水平方向延伸，给人以舒缓宁静的心理感受。多组水平线的错落分布呈现出轻快活泼、极富韵律的装饰效果。

在饮马槽广场（图15）中，建筑主体边界沿舒展的水平方向延伸，同水面的平静祥和相呼应，营造了宁静悠远的诗意氛围。

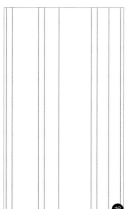

2. 垂直线

垂直线可以表现重力的平衡状态，也可标出空间中的位置，具有挺拔、坚韧的特性，呈向上的动势。

建筑中垂直线引导人的视线向上升起，给人以庄严肃穆的感受。密布的垂直线又会营造出轻盈挺拔、秀雅端庄的别样效果（图16）。

长城脚下公社的竹屋（图17）以竿竿修竹竖起一帘轻屏，隔断了山水庐舍。案几澄澈映衬着山色葱葱，竹庐清凉迎纳了长风寥寥。若以"闲和严静，趣远之心"观之，白天是"佚佚斯干，幽幽南山"的清宁景致，夜晚则是"与谁同坐，明月清风我"的无为禅境。

3. 斜线

斜线可以看成正在倒下的垂直线或正在升起的水平线，在视觉上呈动感的活跃状态（图18）。

建筑中斜线传达着运动、速度、跳跃等动态因素。在斯特拉斯堡停车场（图19）中，建筑的斜墙、斜柱、停车场的斜杆与地面的斜线交相辉映，共同演绎了速度与激情、动感与活力。

4. 曲线

曲线不但具有轻盈、柔和的美感，还富有较强的韵律感（图20）。

在建筑中曲线可以表达跌宕起伏的内心波动，耶鲁大学冰球馆（图21）蜿蜒的屋脊宛如冰球飞逝的轨迹，瞬间的精彩幻化成永恒的经典，扣人心弦。

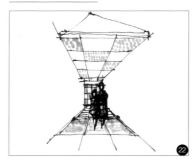

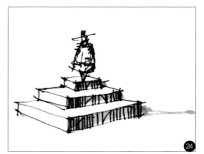

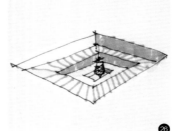

（三）面

一条线可以展开成一个面。面有长度、宽度，但没有深度，在视觉上表现出稳定感和延伸感。

1．水平面

水平面呈舒展、和缓的视觉特征，在建筑中体现为顶面和地面。

（1）顶面

顶面的出现将空间划分出不同的层次，其下视为内部空间，其余部分视作外部空间。顶面的形状、尺寸、高度直接影响人的视觉和心理感受（图22）。

在赖特的流水别墅中（图23），低矮的屋顶将视线引向地面及檐下的玻璃窗，视线的限定和引导使人的视野沿纵深方向展开，从而获取深邃悠远、宁静平和的内心体验。这种做法借鉴于传统的日式庭院，有助于人的静观和冥想。

（2）地面

地面承载着人类的日常活动，为建筑提供坚实有力的支撑基面。通过地面的上升、下沉或材质变化可以划分出不同的空间领域。

a．地面上升

地面上升在空间划分上具有分割性，人在其中会有些许空旷感、不安全感，但与此同时，人也会成为受人瞩目的焦

点（图24）。

天坛圜丘（图25）用三层逐级收分的同心圆石阶划分了神圣与凡俗的空间界限。如此简洁素朴的外观形态营造的却是无比庄严崇高的神圣领域。天子身临其境当有以德配天的责任使命，而非君临天下的志得意满。

b．地面下沉

地面下沉形成边界明确的领域，在空间划分上具有围合性，身处其中会有一定的安全感，但若被人围观，则会紧张焦虑（图26）。

古罗马时期，下沉的地面常作为娱乐表演的场所。从露天剧院到斗兽场（图27），逐级下沉的台阶观者云集，底层的中心上演绎着人间悲喜或是生死角逐。繁华易逝，曾经承载着笑与泪、智与勇、生与死的舞台早已归于寂静沉默。

（3）材质变化

当地面的颜色、形式、图案、质感等发生变化时，也会划分出不同的空间领域，进而影响人的空间穿越方式（图28）。

2．垂直面

垂直面具有强烈的分割性，在建筑中主要体现为墙面，墙是最有效的空间划分媒介。作为以内向空间为主体的中国传统建筑体系，墙的分隔作用在空间组织中至关重要。因此，从国之界、城之界到家之界，皆以墙分之。

28.地面材质变化　29.苏州艺圃　30."一"字墙（张涵绘）　31.影壁　32."II"形墙（张玮佳绘）　33.街巷　34."L"形墙（张玮佳绘）　35.芭蕉院

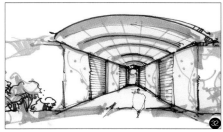

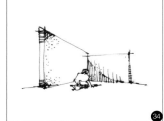

（1）墙之虚实

墙的空间作用是"隔"，但其空间意趣却在"漏"。"隔"划分了空间层次，"漏"则溢情于空间之外。从"淮水东边旧时月，夜深还过女墙来"的故国追溯到"墙里秋千墙外道，墙外行人墙里笑"的单恋之恼，翻过墙来便增添了无限的魅力和想象的空间。墙的"隔"，隔出了心理的空间深度，墙的"漏"，则引导了心灵的回响韵律。墙的"隔"与"漏"是虚实有无的思辨，两者统一幻化出层次丰富、联想无尽的空间效果。

苏州艺圃西南角院，高墙相隔，墙体上部藤蔓交织，树影斑驳，下部月洞门框出了院外景色（图29）。墙体上部为实景，下部洞门为虚景，虚实相生，各成妙趣，而虚景更为引人注目。有形的世界只是指向无形世界的一个引子，一个契机。虚实互现，无画处皆成妙境。墙的数量、方向发生变化时会带给人不一样的空间体验。

（2）"一"字墙

独立的墙可以形成一道屏障，具有空间分割作用，人在附近会做短暂停留（图30），最典型的实例是影壁（图31）。影壁取意"隐蔽"，其作用有两个：一是作为划分内外的界碑，使视线得以遮挡，以保障居者的私密性；二是形成藏风聚气的隘口，使气流在此迂回，以改善庭院的小气候。

（3）"II"形墙

平行的两面墙形成一道走廊，具有空间引导作用。人在其中会穿行而过，具有较强的流动性（图32）。典型的例子莫过于街巷、胡同（图33）。街头巷尾不仅是交通穿行的必经之地还是邻里交往的重要场所。饭后茶余，老人孩子聚在这里下棋嬉戏，"黄发垂髫并怡然自乐"，一片浓郁的生活气息。

（4）"L"形墙

相互垂直的两面墙形成一个角落，这时的空间既有围合性又有分割性，角落内侧具有内向性，身处其中会产生安全感（图34）。最有代表性的是江南园林的"芭蕉院"（图35），于院中一角植芭蕉以邀雨。听丝丝垂落，看点点留痕。不觉轻寒漠漠、浅愁悠悠。抚今思昔，至难为怀。

（5）"U"形墙

墙呈三面或四面围合时，空间的围合感和封闭感愈发强烈，人在其中的活动受到限制，空间性质趋于静态（图36）。这样的实例在传统合院式住宅（图37）中比比皆是。这样的空间氛围对于活泼好动的少年或许是一种约束，难怪鲁迅在追忆年少时无奈地感叹"只能看见高墙上的四角天空"。

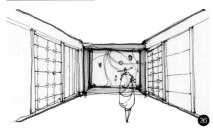
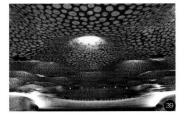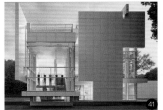

3. 斜面

倾斜的面富有强烈的动势和视觉冲击力。在当代解构主义作品中，惯于应用斜面以创造风格迥异的视觉效果和心理体验。在鹿特丹美术馆（图38）中，倾斜的地面辅以斜柱的应用，颠覆了使人产生失重感的传统维度，全新的坐标体系可引发观者对已知世界的质疑与反思。

4. 曲面

弯曲的面通过变幻的视觉形态带给人全新的空间体验。在日升剧院（图39）中蜿蜒的屋顶宛如海面，波澜壮阔，跌宕起伏。加上灯光一起，又似璀璨繁星洒落于浩瀚苍穹中。海天一体，如梦如幻。

（四）体

面平移成体。体有长、宽、高三个量度，在外观上既可以呈现出充盈的实体，也可以表现为空灵的虚体。

1. 实体

实体即由体量所置换的空间，面作为体量的边界，通过彼此间的组合关系使形呈现出或坚实厚重或轻盈通透的外观形态。柯布西耶的马赛公寓（图40）用面围砌出了粗犷雄浑的形体特征；而图41则用面作为分割空间的工具，创造了灵动多变的空间效果。

2. 虚体

虚体即由界面包容围合的空间。在中国传统建筑中，皆以空间为核心，用虚实变化的时空流动表达有无相生的哲学思辨。老子认为"万物得一以生"，王弼注曰"万物万形，其归一也，何由致一？由于无也，由无乃一，一可谓无"。就建筑实体与空间这对"有""无"关系而言，"无"是核心，蕴含着深远的内涵。

以中国传统民居四合院（图42）为例，其布局是以庭院为中心，四面围合房屋。虚空的庭院既是组织建筑的中心，也是安排生活的重心。就风水而言，庭院是聚气的核心，一点院落虚于其中，"气"便有吐纳之处，生活其中的人也有悟道之处。就功能而言，庭院既可提供生活场地，也可引入自然景观。在改善微环境、调节小气候的同时，培养居者"宠辱不惊，闲看庭前花落花开"的恬淡情怀。正所谓"不虚不足以妙万物"，庭院于传统建筑如棋中之眼，有之则活，无之则死。

二、形色万千——形的视觉要素

前述的点、线、面、体都是形的基本要素，要想使其转变为可见之物，必须赋之予视觉要素，视觉要素包括：形状、色彩、尺寸、质感和方位。通过这些视觉要素的综合应用，我们才能对形式产生形象直观的认识，接下来将对其一一解读。

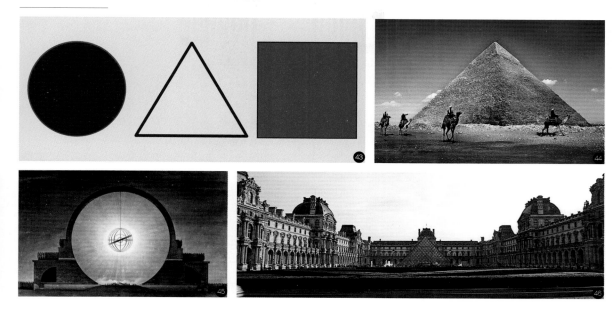

（一）形状

　　形状是识别形式的最基本因素，包括面的边缘和体的轮廓。我们对于形状的感知要靠形式和背景之间的对比来进行。形状从简到繁可大体分为：基本形、变化形和有机形三类。下面将对其进行详细讲解。

1. 基本形

　　我们观察任何一种形，都会有一种简化的倾向，使之成为最简单、最有规则的形式。形式越简单越容易使人感知和理解。就平面图形而言，最重要的基本形状是圆、三角形和正方形（图43）。其中圆具有集中性和内向性；三角形具有稳定性和均衡性；正方形则代表着纯粹性和合理性。

　　由基本形状演变派生成清晰、规则的形体，称为柏拉图体。柏拉图体包括球体、圆柱、圆锥、棱锥和正方体。勒·柯布西耶曾说"立方体、圆锥体、球体、圆柱或者金字塔式椎体，都是伟大的基本形式，它们明确反映了这些形状的优越性。这些形状给我们的感受是鲜明的、实在的、毫不含糊的。由于这个原因，这些形式是美的，而且是最美的形式。"诚如所言，柏拉图体以鲜明纯粹的外形特征赋予其经典永恒的内在特质。

　　金字塔（图44）以简洁的正四面体形式呈现了庄严静穆、沉稳坚毅的性格特征，默然屹立于茫茫沙海，为过往行人讲述着历史的沧桑与往昔的辉煌。

　　牛顿纪念堂（图45）则以浑然一体的球形向世人展现了这位科学家对天体物理的伟大贡献。圆满的形态既是宇宙的抽象也是智慧的象征。

2. 变化形

　　由于柏拉图体具有极强的纪念性，所以它并不适于日常建筑。在生活中我们经常使用的是由柏拉图体变化而成的规则或不规则形式。

　　（1）规则形式

　　规则形式是指用有序的手法组织各要素，使其呈对称的布局形式。在传统建筑中多呈现为规则的形式。法国的卢浮宫（图46）以秩序井然的空间序列、严谨对称的布局形态，突出了主体建筑的主导地位，彰显了皇权的威严神圣和至高无上。

（2）不规则形式

不规则形式既无秩序又不对称，比规则形式更富有动态，在现代建筑中应用较为广泛。例如柏林爱乐音乐厅（图47）以中央表演区为中心，向外辐射出若干不规则单元体，作为观众区。形式的复杂多变对应着音乐的律动起伏。

3.有机形

有机形是独立于基本形、变化形以外的独特形式。与前两者不同，有机形并非来自几何形的抽象变化而是源于自然界的模拟仿生。米拉公寓（图48）便是这样的例子。起伏的屋顶、蜿蜒的墙身，让人置身于此便会产生波流涌动、白浪滔天的联想。

（二）色彩

色彩是形式表面的色相、明度和纯度，是与周围环境区别的最显著要素。不同环境下的不同色彩会呈现出不同的表情，描述着不同的情感。

在哈芬水道（图49）两畔，沿河而筑的房子异彩纷呈，斑驳陆离。每一幢房子都有自己独特的色彩和张扬的个性。它们聚在一起，共同呈现了这座城市热情洋溢的活力和宽容博大的情怀。

在丹巴甲居（图50），藏寨依山而建，点缀于群山之

间。素朴的土坯墙上装饰着象征天、人、魔的白、红、黑三色，掩映在郁郁山色中，红绿反衬、皂白分明，使建筑亮丽夺目，光彩照人。

一般在日常生活中，我们对色彩的感知无非是色调的冷暖和光线的明暗。

1.色调

色调的变化差异对人的情绪有着潜移默化的影响，冷暖瞬间，将人引入或忧郁深邃，或宁静舒缓，或亲切平和，或浓烈炽热等万般心境。

凡·高作品《夜间咖啡馆》的室内外景（图51~图52）堪称冷暖色调的最佳诠释，在外景中，星空的幽暗深邃反衬着咖啡馆的灯火通明，冷暖对峙，动静交融。宁静中夹杂了一丝活跃，冷峻中平添了几分热闹。而在内景中，大片的红黄铺陈了浓郁炽热的场景，略微泛绿的桌面、地板与绿色的天花相呼应，在这热烈紧张的气氛中增加了一缕黯淡阴郁。

2.光线

光明影暗，光影的交错变幻映照了世间的纷繁百态。光的强弱明暗、影的深浅浓淡幻化成或耀眼夺目、或亲切舒适、或神秘幽暗的重重影像。

在饮马槽广场的尽端，沿水道一侧立起一面白墙（图53）。微风下，墙面上婆娑的树影、地面上斑驳的落影、水面上摇曳的倒影相互交映，匠心独具地演绎了一幕光与影的

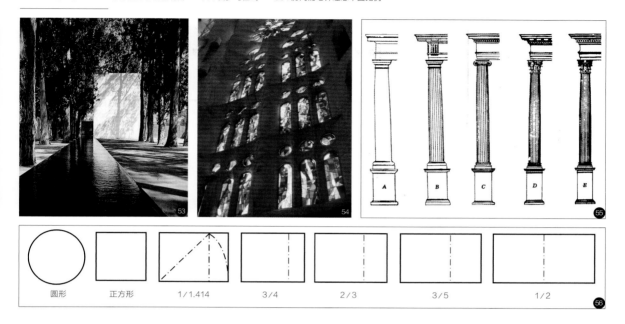

| 圆形 | 正方形 | 1/1.414 | 3/4 | 2/3 | 3/5 | 1/2 |

对白。

　　哥特教堂中晦暗幽深的光穿过了色彩缤纷的窗（图54），上演着圣经故事的古老神秘，牵引了对天国彼岸的想象憧憬。

（三）尺寸

　　尺寸是形式的实际量度，包括长、宽、深度。在建筑中，人们对尺寸的感知涉及比例和尺度两方面。比例是指建筑形式和空间的实际尺寸间的数值关系，而尺度则是人在比较建筑自身尺寸与周边环境关系时，获得的空间体验。

1.比例

　　自古以来，人们就致力于研究形式背后的数值关系。在西方从古希腊的黄金分割到文艺复兴的空间探索再到现代主义的模数制确立，建筑师们先后对建筑及人体自身的比例关系做了深入的剖析。

　　（1）黄金分割

　　早在古希腊时期，毕达哥拉斯就提出："世界上的一切都是数字"，"万物皆是数字之排列"。柏拉图认为，数字及它们之间的比值，不仅包含了乐曲音阶的和谐，还表达了宇宙结构的和谐。

　　古希腊人发现，在人体比例中，黄金分割起着支配性的作用。他们认为，不管是人类还是他们供奉的庙宇，都应该属于一种比较高级的宇宙秩序，因而在庙宇建筑中广泛地应用了黄金分割比例。

　　在古希腊和古罗马的建筑中，柱式（图55）以其自身的精确比例，尽善尽美地体现了优雅与和谐。以柱径为基本单位，确立了柱础、柱身、柱头、柱檐及柱间距等细部尺寸，以确保建筑物的局部皆成比例，彼此协调，相互统一。

　　（2）文艺复兴理论

　　古希腊人把音乐视为几何学的声音化，而文艺复兴的建筑师则认为，建筑是将数学转化为空间单位的艺术。他们应用古希腊音乐音阶的间隔比，发展成连续的比值数列，作为建筑比例的基础。这种比例关系不仅局限于单体建筑里，还广泛应用于空间序列与整体布局中。

　　帕拉蒂奥在《建筑四书》中指出"美得之于形式，亦得之于统一，即从整体到局部，从局部到局部，再从局部到整体，彼此相互呼应，如此，建筑可成为一个完美的整体。在这个整体中，每个组成部分彼此呼应，并具备了组成你所追求的形式的一切条件。"

　　沿着前人的足迹，帕氏提出了七种"最优美，最合乎比例的房间"（图56）。此外，还提出了房间高度的确立方法。如平屋顶房间高与宽相等；正方形拱顶房间，高度为宽度的4/3等。

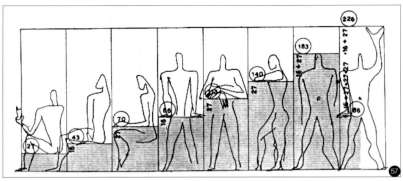

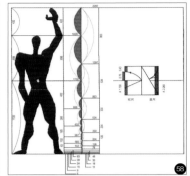

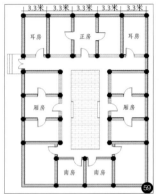

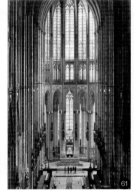

（3）模数制

勒·柯布西耶称赞古希腊的度量方法"无比的丰富和微妙，因为它们造就了人体数学的一部分，优美、雅致，并且坚实有力；也造就了动人心弦的和谐的源泉——美。"在数学和人体比例的基础上，勒氏建立了新的比例系统——模数制，用以确定"容纳和被容纳物体的尺寸"。

模数制不仅视为一系列具有内在和谐的数字，而且作为度量体系，支配一切长度、表面及体积。模数制的基本数值为27和16（cm）（图57），它们构成基本网格的三个尺寸：43（27＋16）、70（16＋27×2）、113（16×2＋27×3），这三者按黄金分割成比例：

43＋70＝113

113＋70＝183

113＋70＋43＝226（2×113）

113、183、226三个尺寸确定了人体所占的空间。在113和226之间，勒氏还创造了红、蓝尺，以缩小和人体有关的尺寸等级（图58）。

（4）"间"

在东方，"间"成为建筑平面的基本单元。"间"即柱子的间距，其面阔约一丈（3.3m）（图59）。"间"的意义在于建筑的标准化和模数化，以此为基准确立了房屋的结构尺寸、用材规范、建筑规模及空间秩序。

2.尺度

尺度强调的是建筑比例的变化带给人的心理影响。以下分别从尺度分类、尺度变化、宽高比三方面进行介绍。

（1）尺度分类

当我们观察一个要素的大小时，往往运用周围已知大小的要素作为衡量标准。已知的要素称为尺度给予要素，它们分为两类：一是熟悉的建筑要素；二是人体本身。因此在建筑中，我们考虑两种类型的尺度——整体尺度和人体尺度：

a. 整体尺度

整体尺度指与周围其他形式有关的建筑要素尺寸。

b. 人体尺度

人体尺度主要是指与人体尺寸和比例有关的建筑要素或空间尺寸。

 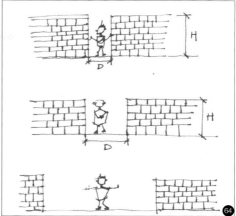

所有建筑要素都是通过与周围要素相比较才能被认知。而作为认知主体的人，则通过自身熟悉的尺寸来度量未知空间的尺度。优秀建筑兼顾整体尺度的均衡与人体尺度的和谐。

兰斯大教堂（图60）向内凹进的入口门拱气势恢宏，耀眼夺目。高敞的门拱既协调了建筑的整体尺度，又凸显了自身的可识别性。走近它才会察觉，实际的入口只是巨大门拱下的一些普通门，而这些门是按照人体尺度设计的。

（2）尺度变化与心理感受

建筑具有长、宽、高三个量度，夸大任一量度都会带给人别样的空间体验和迥异的心理感受。

a. 高

高耸的空间（图61）将视线垂直上引，具有向上升腾的动势，人在仰望上空时对比空间的高大和自身的渺小，敬畏谦恭之心油然而生。

b. 长

悠长的空间（图62）使视线沿纵轴延伸，具有引导暗示的心理，诱发人探幽寻胜的兴致，寻访的过程妙趣横生，探索的结果则别有洞天。

c. 宽

宽敞的空间（图63）使视线横向蔓延，具有平稳开敞的性格，在这里植林聚石，引入自然，独坐冥想。深居于此，经历着潜移默化的内心蜕变：从赏景的风情意趣、观心的自查内省乃至禅定的物我两忘，最终实现人与环境的沟通，心与自然的融合。

对比以上例子，不难发现东西建筑风格迥异，这种差异的背后是观念的区别：在西方信奉"神在天上""人神分离"，在接近上苍的观念指引下，建筑高耸入云，空间尺度巨大、空旷孤立；在中国主张"天人合一""人神同在"，基于引向现实的人间联想，建筑平面铺陈，空间尺度宜人、并以群组排布。

在中国建筑的空间意识中，不是去获得某种神秘、紧张的灵感、悔悟或激情，而是提供某种明确、实用的观念情调。正如中国绘画理论所说，"山水画有'可望''可行''可游''可居'种种，'可游''可居'胜过'可望''可行'"。中国建筑也同样体现了这一精神，即是说，它不着重在强烈的刺激或认识，而重在生活情感的感染熏陶，它不是一礼拜才去一次的灵魂洗礼之处，而是能够经常瞻仰或居住的生活场所。在这里，建筑的平面铺开的有机群体实际已把空间意识转化为时间进程，也就是说，不是像哥特式教堂那样，人们突然一下被扔进一个巨大幽闭的空间中感到渺小恐惧而祈求上帝的保护。相反，中国建筑的平面纵深空间使人慢慢游历在一个复杂多样楼台亭阁的不断进程中，感受到生活的安适和对环境的主宰。瞬间直观把握的巨大空间感受在这里变成长久漫游的时间历程。

（3）宽高比

在空间的三个量度中，高度比长度和宽度对尺度有更大的影响。而宽度与高度的比值（D/H）变化则影响着人的心理体验（图64）。

a. D/H<1/2

宽高比不足1：2时，空间过于狭促，侵占了人的安全领域，带来局促压抑的心理感受。在一些幽深逼仄的老巷子里，这种情况最为常见。

65．卡纳克神庙　　66．孤篷庵　　67．阿拉伯世界研究中心　　68．喀什古城　　69．自然界的不同肌理

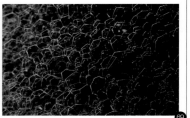

b. D/H<1/2<2

宽高比在1：2到2之间，空间尺度适宜，符合人的行为规律，感觉亲切舒适。一般的居住空间都满足这个比例。

c. D/H>2

宽高比超过2时，空间围合感减弱，超出了人的安全领域，身处其中感觉空旷渺茫。这种例子通常出现在公共开敞空间中。

（四）质感

质感是形式的表面特征，反映了形式表面的触感和反光性。影响质感的因素包括材质和肌理。

1. 材质

材质即材料的质地，石材的坚实厚重、木材的柔和温暖、金属的冰冷生硬、生土的疏松虚软，不一样的材质具有不一样的特性，也会赋予建筑不一样的性格：

（1）石头的史诗

石头的坚固伟岸赋予其经典永恒的内涵，倍受西方人推崇。古埃及时期石材就用于陵寝、神庙的建造中。卡纳克神庙（图65）以林立的巨石雕刻了往昔的辉煌，置身于古老石林，沧桑的历史钩沉、厚重的文明积淀压顶而来，令人窒息。

（2）木头的神话

石头耐打磨但坚固永恒；木头反之，易加工却不宜久存，恰与东方追求"现世""现实"的观念相吻合，此外还符合"以虚喻实""以柔克刚"的审美品位，故而木材在东方备受青睐。孤篷庵（图66）以木质轻柔隐于山壑林野。竹木环舍，青树翠蔓难掩廊柱秀挺；深壑藏幽，山色清宁更显方外淡泊。

（3）金属的奇迹

钢材的应用为建筑提供了轻盈的结构体系和开敞的室内空间，金属的奇迹不止于此，巴黎阿拉伯世界研究中心（图67）南立面上分布着上百个金属方格窗，每一格窗以规则的图纹密布了若干个孔，孔径随外界光线的强弱而变化，以调节室内采光。整个立面鲜活如屏幕，带我们走近万花筒般变幻莫测的阿拉伯世界。

（4）生土的魅力

生土蓄热性能良好、造价低廉且容易获取，因而在民间得以广泛应用。同为伊斯兰文化的体现，喀什古城民居（图68）没有光鲜的外表、高端的技术，只有用生土砌筑的素朴凝重。墙体厚重是为了抵御酷热与风沙的侵袭，屋顶平整则缘于降雨稀少。朴拙的外表下凝结的是当地人长期应对极端气候的生态智慧。

48　建筑初步

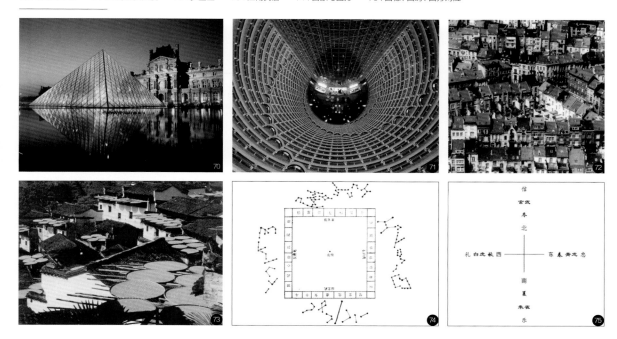

2.肌理

肌理即表面的纹理，或粗糙、或光滑、或平坦、或起伏，不一样的物质表面呈现出不一样的肌理（图69），应用于建筑中给予了不一样的表情。

建筑的立面及内部可通过肌理变化来突出装饰效果。卢浮宫前的玻璃金字塔（图70）以交织的金属网格为骨架由菱形玻璃拼接成正四面体，纯净的体形辅以丰富的肌理，造就了晶莹剔透、玲珑璀璨的建筑形象。

上海金贸大厦内部（图71）密布的金属网格上增添了螺旋状的纹理，秩序井然外赋予建筑波动的韵律和变化的节奏。

此外，屋顶的变化组合也能呈现出丰富有趣的肌理。罗登堡（图72）高低错落的建筑紧密相连、纵横交错，覆盖其上的屋顶宛如一个个错动的音阶，集合成一曲紧张热烈、动感活力的城市交响乐。

与之相比，江南民居（图73）则以疏朗的布局、参差的房屋、绵延的屋顶构成起伏的韵律，流淌成一曲舒缓宁静、悠远绵长的水乡民谣。

（五）方位

所谓方位包括形式与其所处环境地域、观察视域有关的方向（东、南、西、北、中）、位置（上、下、左、右、前、后）。

1. 方位的产生背景

在中国，方位的确立源于古人对星象的观察，以北极星为中心将环绕的二十八宿四向划分，即：东边七宿青龙；南边七宿朱雀；西边七宿白虎；北边七宿玄武。由此四象确立了空间上的四方（图74）。

此外，通过对北斗星的观察，将时间顺序与空间方位对应起来，得出 "斗柄东指，天下皆春；斗柄南指，天下皆夏；斗柄西指，天下皆秋；斗柄北指，天下皆冬" 的自然规律，从而建立了四方（空间）、四时（时间）相结合的宇宙观。而儒家本着 "天人合德" 的理念又配以四德（忠、乐、礼、信），至此完成了四象、四时、四方的对应图示（图75）。

2. 方位与传统建筑

正所谓 "在天成像，在地成形"，古人基于对天象的认识，造就了独具象征意义的合院式建筑。"青龙、白虎、朱雀、玄武，天之四灵，以正四方，王者制宫阙殿阁皆取法焉。" 在古代，从宫殿建筑到寺庙建筑乃至民居、园林建筑皆呈四面围合之势。在此我们以北京四合院为例对建筑的方位意义进行解读。

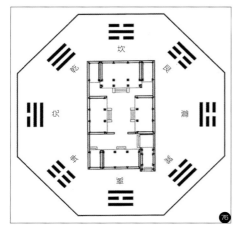
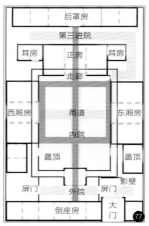
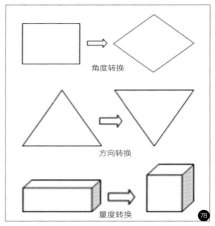

（1）"天人感应"与方位象征

沈括在《梦溪笔谈》中提到"在天文，星辰居四方而中虚，八卦分八方而中虚，不虚不足以妙万物。"结合八卦方位，四合院在平面布局上通常采用坐北朝南，从东南而入的"巽（xùn）门坎宅"模式（图76）。这样的布局模式有利于正房冬天避风、采光，夏天通风、遮阴，形成冬暖夏凉的居住环境。

（2）"天人合德"与方位尊卑

"天人合德"即在人类社会中建立有秩序的道德宇宙，以此来感知天德。《易经》中提到"夫大人者，与天地合其德，与日月合其明，与四时合其序，与鬼神合其吉凶。先天而天弗违，后天而奉天时。"阐明了顺应天时、以德配天的人生理想。在建筑中"天人合德"的思想体现为由方位等级确立的尊卑秩序，"中"和"北"这两个方位无疑占据了尊贵特殊的地位。

a. 尊中

尊中的思想由来已久，早在上古时期，便有"惟精惟一，允执厥中"的传颂。《中庸》对"中"有了更详细的解释："喜怒哀乐之未发，谓之中。发而皆中节，谓之和。中也者，天下之大本也。和世者，天下之达道也。至中和，天地位焉，万物齐焉。"尊中的思想作用于建筑有两个表征：一是秩序的延伸——中轴线（丨），二是虚无的核心——中庭（口）。两者结合刚好构成象形的"中"（图77）。

b. 崇北

崇北的思想源于古人对北极星的偏爱，因其居中不动，能够指示方向，被奉为"紫微大帝"。此外由于我国地处北纬，坐北朝南的布局利于争取日照。因而在民居建筑中按照使用的舒适程度，产生了"北屋为尊，两厢次之，倒座为宾"的等级次序，以此来体现尊卑有序、长幼有别的伦理秩序。

三、增减变换——形态构成方法

任何复杂的形态都由简单的基本形态通过一定规律和手法变化组合而成。这种构成类型可简单归纳为基本形自身的变化（一元变化）、基本形彼此间相对关系的变化（二元变化）、多元基本形组合方式的变化（多元变化）三类。主要构成手法可集中概括为转换、积聚（加法）、切割（减法）、变异四种。

（一）转换

所谓转换主要包括角度、方向、量度等方面的形态变换（图78）。

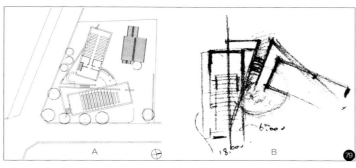

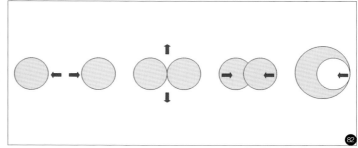

1. 角度转换

角度转换指改变基本形的局部方向，产生外形角度变化的效果。安藤忠雄的光之教堂（图79）主体矩形建筑被一片独立墙体以15°倾角切成大小两部分，小的为入口，大的为教堂。建筑的终端墙体开有十字形孔隙，阳光从中滤过，携着历史的永恒，带着时间的流逝，一起涌入室内。在光的笼罩下，每一处细部镌刻了生活细节的周密细腻，素雅质朴，亲切动人。

2. 方向转换

方向转换指改变基本形的放置方向，与正置的形体相比，斜置与倒置的形体给人更强烈的视觉冲击效果。在巴西利亚国会大厦（图80）中，参、众议院宛如正、反放置的两枚巨碗。开口向上的为众议院，意为面向公众开放；底面朝天的为参议院，暗示严守国家机密。一正一反的辩证设计，巧妙的隐喻了两个机构的不同职能。

3. 量度转换

量度转换指通过改变形体的量度使其产生变化，同时保持着本体的特征。在福特沃斯现代博物馆（图81）中，整体建筑由5个矩形混凝土盒子平行排列而成，其中两列长的是公共空间，三列短的则是展览空间。这些盒子列队驻足水面，参差有度，秩序分明。

（二）积聚

积聚是在基本形的基础上增添附加形，或多个形体进行堆积、组合形成新的形体，使整体充实丰富，积聚的过程可视为加法操作。

1. 二元体的积聚

二元形体之间的积聚方式包括分离、接触、穿插、融合四种（图82）。

（1）分离（张力）

分离指形体之间相互靠近，具有共同的视觉特点（形状、色彩、质感），彼此并没有实质性的接触，而是靠心理产生的空间张力联系在一起。

桂林日月双塔（图83）比肩垂于杉湖水面，笔立擎天，高耸入云，湖光山色的平缓宁和更加反衬了双塔的隽秀挺拔，画面集平远的开阔与高远的崔嵬于一体，精妙绝伦。

（2）接触（邻接）

接触包括边的接触和面的接触。边的接触是形体之间共享棱边，面的接触是形体之间依靠接触面紧密相连。

河南博物院（图84）以观星台为原型，塑造了两棱台正反相扣的建筑形象。整体建筑以雄浑博大的"中原之气"为核心，线条简洁遒劲，造型新颖别致，体态庄重，气势恢

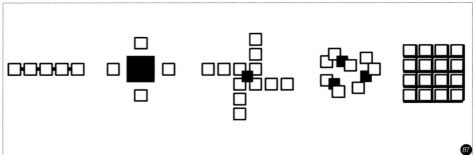

宏，堪称一座凝聚着中原文化特色的标志性建筑。

（3）穿插（相交）

穿插即形体互相贯穿到彼此的空间中，穿插的形体具有较强的视觉冲击力。

宁波美术馆（图85）凸起的入口（宛如张开的嘴）套嵌于主体建筑中，栈桥延伸而出（恰似伸长的舌头），通向外界。连续应用的形体穿插，在丰富造型的同时实现了空间由外而内的自然过渡。

（4）融合（包容）

融合指小的形体融入大的形体中，小的形体失去了控制外部空间的作用。

金华瓷屋（图86）取型抄手砚，砚首在南，砚尾在北，盛风和水。东西墙遍开小孔，孔小称窍，光线散落而入。粗犷的砖石外框内嵌套了光洁的玻璃盒子，造型简洁，手法洗练。

2. 多元体的积聚

多元体的积聚是由个体汇集结合成群体的过程。积聚中单元数量越多、密集程度越高，整体的积聚性越强，而单体的个性和独立性越弱。

多元体的积聚方式有线式、集中式、放射式、组团式、网格式五种（图87）。

（1）线式组合

线式组合即由若干个单元体按一定方向相连接，形成序列，具有明确的方向性，并呈运动、延伸、增长的趋势。

建于西南太平洋新喀里多尼亚努美阿半岛上的芝柏文化中心（图88）由一列高低错落、状如竹笼的"棚屋"三四成组、一字展开，在展开过程中，向心的纪念空间变成发散的漫步通道，祈祷的静默化为朝圣途中的欢愉。

建筑周壁广泛采用百叶窗。它们的开启如帆之升落一样，依凭风向、风力调节自如。当海风鼓起叶叶风帆时，也滑进片片百叶，经由参差错落的空间，传达起伏变化的意绪：或轻拂海岸的细语、或穿越林海的回响、或惊涛拍岸的咆哮……凡此种种，不绝于耳，耐人寻味。

（2）集中式组合

集中式组合指一定数量单元体围绕某一中心呈内向型布局，具有显著的向心性和稳定性。

孟加拉国议会大厦（图89）采用了八边形的组合形式，中央议会厅是整个设计的中心环节。南向是过厅，通向祈祷厅；北向是门厅，通向总统广场和花园。为防止日晒、雨淋和眩光，大厦外表层建有幽深的前廊。墙体上开着方形、圆形或三角形的大孔洞。其形象厚重粗粝、原始神秘，符合当地的人文地理特点。

（3）放射式组合

放射式综合了线式和集中式两种组合特征，构成由中心向外发散的布局形态，具有较强的离心性并富有动感。

考夫曼沙漠别墅（图90）以起居室为中心四向延伸，

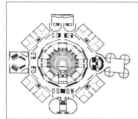

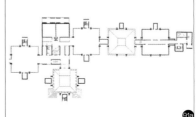

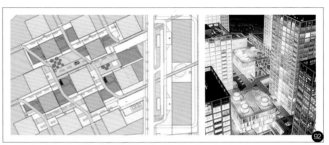

在东南西北四隅分布着主卧室、车库、服务房和客房。自由的十字形组合赋予空间强烈的动势，同时形成主次分明的流线。平行墙的应用强化了空间的流动性，设计新颖时尚而不失端庄优雅，空间极富动感又渗透着宁静和谐。行走其中缓缓流淌着交融之美。

（4）组团式组合

组团式由单元体随机拼凑而成，具有较强的灵活性和变化性，呈自由灵动的布局特征。

理查德森医学研究楼（图91）由各自独立的塔楼组合成连续变化的序列空间，塔楼内分布着实验室和动物室，并附有进风口、排风口、楼梯间等配套空间，在强调被服务空间与服务空间辩证关系的同时丰富了建筑的立面造型。

（5）网格式组合

网格式由单元体有序排列而成，具有强烈的秩序性和整体性，网格的存在有助于产生连续统一的节奏感。

建外SOHO（Small Office Home Office）（图92）被

称为北京"最时尚的生活橱窗"，诚如其名，其功能集办公、居住于一体，为生活提供了多种选择。建筑整体由20栋塔楼、4栋别墅、16条小街组成，呈阵列分布，布局严谨、秩序井然。每一栋建筑被视为城市的一个细胞，拥有繁殖成为一整座城市的潜能。

（三）切割

切割即对原形进行分割处理，产生的子形重新组合成新的形体。切割的过程可视为减法操作，操作方法可分为分割、消减、移位三种。

1.分割

分割即对基本形进行不同方向的划分，使整体分成若干部分，总体保持不变。分割的手法有等形分割、等量分割、比例分割和自由分割四种（图93）。

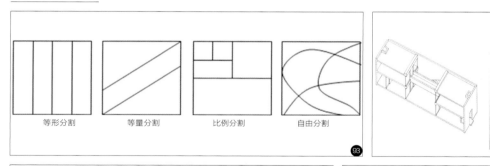

等形分割　　　　等量分割　　　　比例分割　　　　自由分割

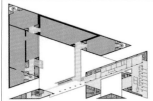

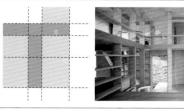

（1）等形分割

等形分割即分割后的子形相同，彼此间易于协调。

住吉的长屋（图94）在极其有限的用地条件（14×4米）下，将平面平均划分为三段，两端为房间，中间是庭院。中空的庭院为建筑提供了良好的采光和通风环境，容纳了"光线，声音，气味，雨水，甚至是雪"的中庭为业主提供了接触自然的途径，创造了诗意的栖息环境，而成为住宅的中心。

（2）等量分割

等量分割即分割后的子形体量、面积大致相当，而形状不一，不易协调。

华盛顿国家艺术馆（图95）结合梯形用地，用一条对角线把梯形分成两个三角形。西北部为展览馆，呈等腰三角形，三个端点上突起四棱柱体。东南部为研究中心和行政管理用房，呈直角三角形。对角线上筑实墙，两部分在第四层相通。这种划分使两部分在体形上虽有明显区别，但又不失为一个统一整体。

（3）比例分割

比例分割即按照和谐比例进行划分，通过子形间的相似性形成统一的新形。

HUt T住宅（图96）是一个周末别墅。设计师通过精心设计，将有限的内部空间按比例分割成主室、附室、交通空间和辅助用房四部分，每一部分自成一体，保持了空间的完整性，且各部分间相处融洽，联系紧密，蕴含了深刻的逻辑性。就造型而言，HUt T住宅体量轻盈、造型简洁，且与环境融为一体，浑然天成。

（4）自由分割

自由分割产生的子形缺乏相似性，因此须注意子形与原形、子形之间的关系处理。

毕尔巴鄂古根海姆博物馆（图97）的主入口中庭设有一系列曲线形天桥、玻璃电梯和楼梯塔，将集中于三个楼层上的展廊连接到一起。博物馆的主要外墙材料为石灰石和钛金属板。其中石灰石用于较为方正的立面造型，而钛金属板则用于灵活自由的外立面装饰。大片的幕墙构成了城市中一道壮观的河畔美景。

2. 消减

消减是在基本形的基础上减掉一部分，原形仍保持完整性。根据消减程度的不同，形体可以保持最初特征，或转化为另一种形式。具体手法包括减缺和穿孔（图98）。

（1）减缺

减缺即消减的部分位于基本形的边缘，产生的新形较原形轮廓发生了变化。

兰希拉一号楼（图99）的立方体表面掏挖了一系列错落有致的台阶状洞口，大面积方窗阵列上更平添装饰性圆窗一行，远远望去，几何语汇相与迭现。屋顶植小树一株，其枯荣往复之象，昭示了春去秋来、周而复始的时间历程。

基本形　　　　　　减缺　　　　　　穿孔

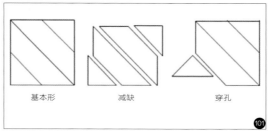

基本形　　　　　　减缺　　　　　　穿孔

（2）穿孔

穿孔指消减的部分位于基本形内部，产生的新形与原形轮廓一致。

金泽21世纪美术馆（图100）以巨型圆盘为底，其上开有大小不一、高低错落的立方体及圆柱体孔洞，展区散落分布于基地中，并有高下之分：高处借由天窗采光，低处则透过玻璃墙采光。白天，展馆内部拥有均匀的日照，明亮洁净；夜晚，晶莹的光线透出玻璃围墙，整个建筑宛如悬浮于光柱之上，如梦如幻。

3.移位

移位即分割后的形体在位置上进行重新组合，构成具有统一效果的新形。具体手法包括移动、错位（图101）。

（1）移动

移动指在基本形的基础上进行切割，产生的子形前后错动、但方向不变，与原形具有较强的相似性。

新当代艺术博物馆（图102）以六个矩形盒子错落叠加的形式呈现于世人面前，就像随意堆叠的积木，六个盒子为六个不同主题画廊，拥有不同的楼层面积和天花板高度，朝向不同的方位，以获得开放、灵活的展览空间。建筑外敷铝质网格，以其轻盈绝世的身姿放慢了都市追名逐利的步伐。

（2）错位

错位指切割后的子形在方向位置上发生了变化，产生的新形与原形具有明显差异。

校园博物馆建筑（图103）由七个单元体旋转叠加而成。建筑以变换的角度、错迭的方向打破了传统的空间维度和视觉限定，为我们呈现了纷繁复杂、矛盾变化的世界。

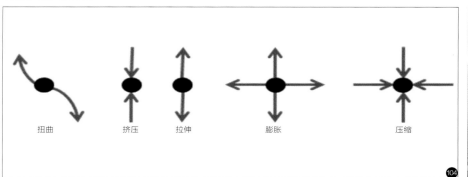

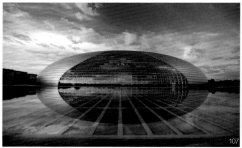

（四）变异

变异可理解为非常规的形态变化，通过对原形的瓦解，在视觉上产生紧张感。变异的结果称为写形。写形的混乱无序恰与原形的规整有序相对照。变异的手法包括扭曲、挤压（拉伸）、膨胀（收缩）等（图104）。

1. 扭曲

在扭曲变形中，破坏原形的力以曲线方向进行。弯、卷、扭均属于扭曲变形。

"重庆森林"（图105）的设计灵感源于国画中层峦叠嶂的群山，建筑通过向上扭转摇曳的身躯、层层悬浮错动的楼板，容纳了风和光线的流动变幻，流露出气韵生动的自然之美。

2. 挤压（拉伸）

在挤压（拉伸）过程中，破坏原形的力以直线方式进行。

广州国际生物岛太阳系广场（图106）中，建筑以开放包容的姿态铺陈漂浮于基地之上，最大限度地保护和利用了地面上原本自然美好的开放空间。

3. 膨胀（收缩）

在膨胀（收缩）过程中，破坏原形的力以一点为中心向外扩散（向内凝聚）。

国家大剧院（图107）采用膨胀的半椭球体，以象征笼罩在外部宁静下的内在活力。巨大的半球仿佛一颗孕育生命的种子，在水面倒影下形成一个静穆雄浑而又生机盎然的完美形体。

移动的中国城（图108）则将未来的中国城模型浓缩成一颗游荡的行星，作为一个空中居所，它不仅拥有湖泊，雪山和梯田等自然景观，还具有养身中心、体育场等人工场所，是一个融合了技术与自然、未来与人文的梦想家园。

第三章
模型制作

一、模型制作的目的

建筑师的思维，需要建筑语言来表达，而建筑模型就是其"语言"之一。说文注曰："以木为法曰模，以竹为之曰范，以土为型，引申之为典型"。在营造构筑之前，利用模型来权衡尺度、审曲面势，最为方便。现代的建筑模型，绝不是简单的仿型制作，它是材料、工艺、色彩、理念的融合。它的意义主要表现在三个方面。首先，它将设计师手中的二维图像，通过对材料的创意组合形成三维立体形态。其次，通过对材料的手工、机械加工，生成了转折、凹凸的表面形态。再次，模型本身也是艺术。

学习模型制作，首先要理解建筑"语言"，这样才能完整表达设计内容；其次，就是要充分了解各种材料并对其合理地利用。制作建筑模型，最基本的构成要素就是材料。而模型制作的专业材料和可利用的材料众多，因此，对于模型制作人员来说，要在众多材料当中进行最佳组合，要求模型制作人员要了解和熟悉每一种材料的物理及化学特性，并对其特性充分利用，做到物尽其用。再次，要熟练掌握多种基本制作方法及制作技巧。任何模型都是通过改变材料形态，组合块面而制成的。因此，对于制作复杂的建筑模型，一定要有熟练的基本制作方法来保证。同时，还要在掌握基本技法的基础上，合理地利用各种加工手段和新工艺，进一步提高建筑模型的制作精度和表现力。

二、模型制作的程序

建筑模型制作的程序，要根据模型对象的复杂性、规模性、目的性来决定，一些小型的模型、方案性的模型等，程序上是可以缩减或省略的。

（一）模型制作的程序

建筑模型制作的程序，要根据模型对象的复杂性、规模性、目的性来决定，一些小型的、方案性的模型，在程序上是可以缩减或省略的。一般程序为：

① 模型制作计划；
② 模型制作准备；
③ 底盘放样；
④ 制作建筑场地（地形）；
⑤ 模型构建制作；
⑥ 模型整体拼装；
⑦ 模型环境氛围调整。

（二）模型制作的方法

模型制作方法包括了模型制作计划、基底制作方法、底盘放样、配件制作等多个部分，是一个相对复杂、细致的工作。

1. 模型制作计划

模型制作计划的内容主要是研究"表现方法""比例""单件""色彩""组装"等方面的问题，并进行周密的计划。按照"表现方法"来确定制作方向、比例、选用材料以及色彩、组装程序等。模型的比例在建筑模型制作中必须把握好。如果选择的比例不当，会使人觉得"失真"，以至于产生"不信任感"。因此，比例的选择需要根据不同的对象来决定。

例如小区规划（图01）、城市规划（图02），一般选择1：5000~1：3000的比例；单体建筑物的比例（图03）常为1：200~1：50；若是组合建筑物（图04），则采用1：400~1：200的比例，不过，通常采用与设计图相同的比例者居多。此外，若是住宅模型（图05），则与其他模型略有不同，如果建筑物体量不是很大，则采用1：50的比例，尽可能使人看得清楚。模型制作计划除了确定比例外，还要弄清楚模型的地形地貌关系（如高差），还需要建立景观印象，通过大脑进行计划立意处理。随后，对模型的关键部分进行研究分析，最后就可以着手进行模型制作了。

2.基座制作方法

模型的大小与基座有着直接的关系。而基座则需注意两方面因素：一方面要依据建筑设计的实际高度、体量、占地面积的大小，另一方面也要依据委托方的要求等相关问题综合作出比例决定。比例决定之后，便可按模型基座、建筑场地的空间顺序开始制作。此时要根据实际大小，考虑把模型做成一体式的定型模型还是做成方便移动有利展出的组合式模型。

3.盘底放样

模型基座做好后，接下来开始放样。放样就是依据设计图纸进行等比例的放大或缩小，并将其移到之前做好的基座上，确保与原图纸一模一样。放样的方法：一般情况下，采用打印图纸的方法，直接打印所需大小比例的图纸，然后将打印好的图纸放在基座上，在其背后垫上复写纸，再用圆珠笔按设计的线描绘一遍。

4.建筑场地

图样放好后，接下来制作建筑场地（地形）。如果建筑场地是平坦的，则制作模型也简单易行。若场地高低不平，并且表现要求上有周围临近的建筑物，则会依测量方法的不同，模型的制作方法也有相应区别。特别是针对复杂地形和城市规划等较大场地时，应将地形模型事先做好。

值得注意的是，不宜在地形模型上过多和过细地表现，这样容易使建筑物相形逊色。因此，在制作地形模型时，应充分考虑对建筑物的表现效果，要能够正确处理好模型不同部分的主次关系。

5.配景模型制作

配景模型制作主要是指室外环境的植物、人物、汽车、小品、石景以及水景等配景元素，制作方法分为以下几种。

（1）植物、人物、汽车

植物主要指树木与灌木，植物基本是由绿色的叶子和树的枝干构成的。绿色的叶子可用锯末、海绵、丝瓜瓤等材料做，树的枝干造型可用粗细不同的铁丝或铜丝等材料来实现。一般的模型中植物造型有两种：树木与灌木（草丛）的制作。而人物与汽车（图06）在环境中主要起的是点缀与陪衬的作用。以上配景模型在环境的布置中，所需数量较大，因而要尽量多做一些备用，特别是植物（图07、08）。

（2）小品

小品类的模型（图09、10）包括亭子、小桥、小型雕

06.建筑模型中的人物　　07、08.建筑模型中的植物　　09、10.建筑模型中的小品
11.建筑模型中的石景　　12.建筑模型中水面较小时的做法　　13.建筑模型中水面较大时的做法　　14～17.建筑模型中墙面的做法

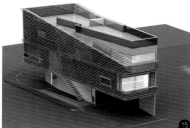

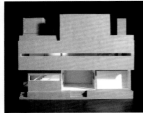

塑、站亭、石景以及小型建筑（大门、房门）、构筑物等。这一类的配景件在模型商店有售。有专门需要时就要亲手制作。采用的材料有石膏、黄泥、油泥、软木等，并与纸、塑料、牙签等配合使用。

（3）石景

石景（图11）一般可以采用泡沫苯乙烯之类表面松软的材料来处理。最好是用工具按压或绘制成石景的效果，用工具也可以做成一些凹槽阴影，效果也不错。同时也要善于发现和利用其他材料，如鸡蛋壳等。

石面的做法：对于建筑墙面、地面的处理，一般均采用刻画工艺，也可以采用电脑雕刻技术，在ABS胶版材料上雕刻成石块图形，然后在其上面着上理想的石材色彩即可。

（4）水景

水景的做法：作为水景处理，水面不大时（图12）一般采用象征性手法，即采用蓝色有机玻璃（或在透明的有机玻璃背后涂蓝色底）衬底即可。水面较大时（图13），可采用硅胶做水纹、喷泉的手法。

应注意的是：蓝色有机玻璃的设置一定是在地形的最底层，即铺满整个地形，也可采用局部铺底的做法。局部铺底的好处是节约材料，但是操作较为麻烦，切记切割下来的余料无法再重复利用。

6. 模型件制作

针对建筑模型表现对象，可以分为建筑模型和室内模型，它们在组装前，基本是将全部组件全部做好再进行组装。所以，要注意模型组装的先后关系，以免出错。

（1）建筑模型件

由于建筑风格、结构等关系，除有意设计的构架式建筑之外，结构全部外露者很少。即使有，也不外乎是柱、梁或者基柱建筑部件等。在做法上需要特别强调构架部分之外，一般均采用与建造物相同的主要材料，或用钢铁骨架来表现，效果极佳。下面对建筑不同构件进行详解。

墙面

材料的表现与最终效果息息相关。表现混凝土平面的办法很多，可以选用具有柔软特性的粗陶和软质木材制成纹理粗糙的模型，来表现混凝土平面；也可以利用泡沫苯乙烯的板面上所固有的粗糙麻面来表现混凝土；此外，如树皮和胶合板等，表面看起来很像混凝土材料，均可用来表现混凝土（图14、15）。

对于面砖、石板等对象，可选用粗绢和花纹纸以及有浮雕花纹的材料进行表现，也可以适当采用抽象手法。此外，还有一些表面带图案的板材，也可以选其作为某些墙面的处理（图16、17）。

a 以透明有机板模拟墙体

b 裁开有机板材保护纸

c 用刻刀把有机板刻到一定深度

d 延缝将有机板裁开

e 将有机板打磨平滑

f 用裁纸刀处理板材边缘

g 用砂纸打磨

h 在板材平面上涂抹三氯甲烷

i 将两面黏结

j 墙体半成品

k 检查墙体

l 简易拼贴预测效果

m 将墙体附件粘贴到位

n 将模型与建筑场景融为一体

o 建筑模型成型

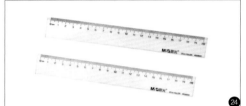

（2）屋顶

一般的建筑模型常常出现俯视的视角，故屋顶应该精心制作。若是建筑较复杂的房屋，就要对模型的表现进行多次研究。例如平板类屋顶材料基本是以筒瓦、机瓦等材料表现不同的建筑风格。因此这类模型的表现应注意发挥材料所具有的特性（图18）。

（3）开口部分

影响模型成品效果并起决定性作用的是对开口部分的表现，如窗户、出入口、玻璃幕墙等（图19）。门窗洞口是模型视觉表现的重要部分，如果没有表现好，会直接影响到模型的完成程度。所以，即便用无机单一材料制作，如何处理窗户洞口也是很重要的。由于选用的材料不同，在制作时所用的工时、精度及展示方式都有差别。这些均应在计划中事先决定下来。此外，在玻璃占主导地位的建筑中，如镜面玻璃和玻璃幕墙设计的建筑物，其幕墙的框架处理和玻璃表现将会对模型的质量起到决定性的作用，所以要特别注意处理时的精致效果。

建筑模型装饰附件是指主体建筑上的突出物，如阳台、阳台扶手、雨棚、台阶（踏步）、女儿墙以及依附建筑上的装饰物（构件）等。这些附属件需要单独做。先把建筑场地、框架、墙壁、门、窗（洞口）等这些主要表现方法确定下来，下一步就是遮阳板（雨棚）、阳台、阳台扶手、女儿墙、坡屋顶等这些细部的模型表现。但值得注意的是，不能对细部过于雕琢而忽略了整体。因此，对细部的表现刻画，

要有和整体精度相协调的意识，使其适当而不过分。

7. 模型拼装

模型拼装是建筑模型制作过程中非常重要的一部分，主要是材料的剪切、打磨、简易拼装、粘贴、成型等。拼装过程中一定要注意建筑与场地的协调（图20）。

8. 环境氛围调整

建筑模型主体完成后，接下来是加强建筑模型的环境氛围，可以通过配备植物、调整色彩、加强灯光等手段来实现（图21）。

三、模型制作的工具与材料

模型制作的中材料与工具的选择都是至关重要的，它直接关系到了模型制作的精准度和质感，需要在制作前仔细挑选。

（一）模型制作工具

在模型制作中，一般操作都是通过手工和机械加工完成的。因此，选择实用工具显得尤为重要。

如何选择制作建筑模型的工具呢？

一般来说，需要能够进行测绘、建材、切割、打磨、喷绘、热加工等操作的工具，随着制作的深入，制作者也可制

25. 弯尺　　26. 圆规　　27. 游标卡尺　　28. 模板　　29. 蛇尺

做一些小型的专用工具。

1. 测绘工具

在模型制作中，测绘工具是非常重要的，直接影响着建筑模型制作的精确度。常用的测绘工具有以下几种。

（1）比例尺（三棱尺）

比例尺（图22）是测量、换算图纸比例尺度的主要工具。其种类多样，使用时应根据实际需求进行选择。

（2）三角板

三角板（图23）是用于测量和绘制平行线、垂直线与任意角的量具。一般常见的是300mm。

（3）直尺

直尺（图24）是画线、绘图和制作模型的必备工具。常见的量程有300mm、500mm、1m和1.2m四种。

（4）弯尺

弯尺（图25）是用于测量90°角的专用工具。测量长度规格多样，是建筑模型制作中切割直角时常用的工具。

（5）圆规

圆规（图26）是用于测量、绘制圆的常用工具。

（6）游标卡尺

游标卡尺（图27）是用于测量加工物件内外径尺寸的量具。同时，它又是在塑料类材料上画线的理想工具。其精度可达到±0.02mm。一般有150mm、300mm两种量程。

（7）模板

模板（图28）是一种测量、绘图的工具。利用它可以测量、绘制不同形状的图案。

（8）蛇尺

蛇尺（图29）是一种可以根据曲线形状任意弯曲测量、绘图的工具。尺身长度有300mm、600mm、900mm等多种规格。

制作模型时，应先做到对所制作的对象进行认真的测量和绘图，对其所在的地形等高线进行准确测量，并在实际操作中严格按照等高线切割所有层高。对建筑则应按比例严格绘图。这种办法看似麻烦和多余，实际是精确性高、返工率小的一个方法。其具体做法为：首先，认真在制作模型的材料上放样绘图；其次，动用工具进行下料（切割）制作。如果是未经过以上程序操作而制成的模型，则会因毫无真实性和准确性而不具有任何价值。

2. 剪裁、切割工具

剪裁、切割贯穿建筑模型制作过程的始终。一般来说，切割工具要按照材料对象不同来选用，而材料一般可以分为纸、木材、泡沫、玻璃、有机玻璃、塑料、金属等类型。根据材料特性和模型制作要求，大致可以在以下三类工具中进行选择。

（1）木材类切割工具

木材类切割工具可分为软木切割工具与硬木切割工具两类，用于软木的切割工具有裁刀、平刀等；用于硬木类的切割工具有锯子（图30）、劈刀、平刀等。此外，还有凿子、刨子等木工工具。

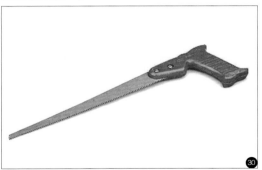

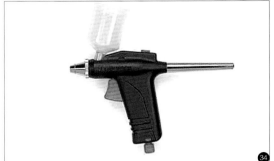

（2）泡沫类切割工具

泡沫类材料是制作模型时使用较多的材料，价格经济且加工简单。一般常用的工具是切割器（电热丝制）、木工锯、裁刀、美工刀等。

（3）玻璃、有机玻璃、塑料类切割工具

玻璃、有机玻璃、塑料等材料的切割工具，分别为玻璃刀、有机玻璃刀、剪刀等。这些工具一般都是特殊的道具，也是其他工具所不能替代的，在使用时需根据不同的使用说明，或按要求使用配套工具。

3. 热加工工具

热加工工具是完成建筑模型异形构建制作的必备工具。在选择这类热加工工具时一定要特别注意安全性，一般常用的工具有以下几种。

（1）热风枪

热风枪（图31）是用来对有机板、软陶等塑料类材料进行热加工的一种专门工具。该工具使用简单、加热速度快、加热温度可调节、安全性高，是热塑形的理想工具。

（2）塑料板（亚克力）弯板机

塑料板（亚克力）弯板机（图32）是模型制作者使用的专业弯板机。该工具加热均匀、加热宽度可调节，是塑料类板材的专业加工工具。

（3）火焰抛光机

在建筑模型制作中主要用于有机玻璃，特别是对透明板材剪裁切割、打磨后形成的不规则表面的热抛光，效果极佳（图33）。

4. 涂色工具

涂色工具的使用分为传统手法和现代手法两种。传统手法是指主要采用笔刷、喷笔、刮刀等方法。

笔刷有软笔刷和用尼龙制成的硬性笔刷，要依据不同的涂刷面积和部位选择适宜的类型。另外，依据表现效果，可把工具分为油（彩）性笔、水彩笔等。

喷笔主要用于小面积的色彩喷刷。喷枪（图34）则可以对大面积的色彩进行调整，使用的时候注意两种工具结合，达到均匀美观的效果。

刮刀涂色的用具有绘画刀、刮刀、调色刀、调色盘等。模型涂色除了用笔刷、喷涂之外，局部还可以利用绘画刀具加以细致处理，甚至可以利用刮刀做一些肌理效果。所以，在大面积用色时要注意选用大容器调色工具，确保颜色的明度、饱和度和色相的稳定。

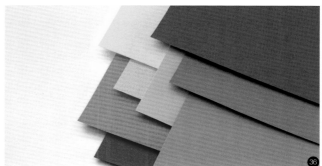

目前，多采用喷气灌来喷色的现代手法，使用简便、干净，可以达到喷笔的效果。

（二）模型制作材料

材料是构成建筑模型的一个重要因素，它决定了建筑模型的表面形态和立体形态。

在现代模型制作中，材料的内涵和外延随着科学技术进步与发展，在不断地改变。而模型制作的专业材料和飞船专业材料的界限区分也越来越模糊，特别是用于建筑模型制作的基本材料呈现出了多品种、多样化的趋势。它由过去的单一板材，发展到点、线、面、块等多种形态的基本材料。另外，随着表现手法的日趋完善和对建筑模型制作的认识与理解，很多非专业材料和生活当中的废弃物也越来越多地作为模型制作的辅助材料。

这一现象的出现无疑给建筑模型制作带来了更多的选择，但同时也产生了一些弊端。很多模型制作者认为，选用的材料档次越高，其效果越好。其实不然，高档材料固然好，但建筑模型制作追求的是整体的最终效果。如果违背这一原则去选用材料，那么再好、档次再高的材料也会黯然失色，失去自身的价值。

材料有多种分类法，有按材料产生的年代划分的，也有按照材料的物理特性和化学特性划分的。接下来所介绍的材料分类，主要是从建筑模型制作需求的角度进行划分的。由于各种材料在模型制作中充当的角色不同，因而把它们划分为主材和辅材两大类。

1. 主要材料

主材主要是用来制作建筑模型的主体部分的材料。通常采用的是纸材、木材、塑料三大类。在现今的模型制作过程中，对于材料的使用并没有明显的界限，但并不意味着不需要掌握材料的基本知识。因为只有对材料的基本特性以及适用范围有了透彻的了解，才能做到物尽其用、得心应手，从而达到事半功倍的效果。

模型制作者在制作模型时，需要根据建筑设计方案和模型制作方案合理选用模型材料。

下面，就针对目前市场上销售的一些材料及其相关特性做一些举例和分析，以便模型制作者选择时参考。

（1）纸板类

纸板（图35、36）是建筑模型制作最基本、最简便，也是最被广泛采用的一种材料。该材料可以通过剪裁、折叠改变原有的形态；通过褶皱产生不同的肌理，通过渲染改变其固有色，具有较灵活的可塑性。

目前，市场上流行的纸板种类很多，厚度通常在0.5mm~3mm，色彩可达数十种。同时，由于纸的加工工艺不同，生产出的纸板肌理和质感也各不相同。模型制作者可以根据需要来选择。

无论从品种，还是从加工工艺来看，纸材都是一种较为理想的建筑模型制作材料（图37）。但材料本身也是有优缺点的，具体表现在以下两方面。

优点：适用范围广，品种、规格、色彩多样，易折叠、切割，加工方便，表现力强。

缺点：材料物理特性较差，强度低，吸湿性强，受潮易变形，在模型制作过程中，黏结速度慢，成型后不易修整。

（2）泡沫聚苯乙烯板

泡沫聚苯乙烯板（图38）是一种用途相当广泛的材料，属塑性材料的一种，使用化工材料加热发泡而形成的。它是制作模型常用的材料之一。该材料由于质地比较粗糙，因此，一般只用于制作方案构成模型、研究性模型（图39）。

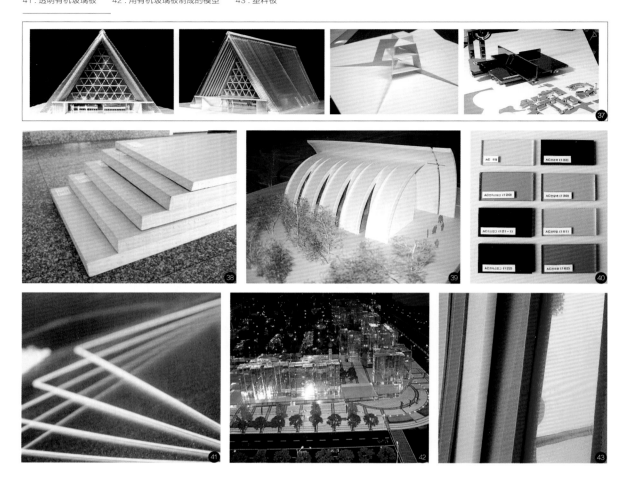

其特征主要表现在以下两方面。

优点：造价低、材质轻、易加工。

缺点：质地粗糙，不易着色（该材料由化工原料制成，着色时不能选用带有稀料类涂料）。

（3）有机玻璃板、塑料板、ABS板、PVC板

下面分类介绍这四种材料的具体特征和用途。

a. 有机玻璃板、塑料板、ABS板、PVC板，这些材料统称为硬质材料。它们都是由化工原料加工制成的。在建筑模型制作中，均属于高档次材料。主要用于规划模型以及单体模型制作。

优点：质地细腻、挺括、可塑性强，通过热加工可以制作各种曲面、弧面、球面的造型。

缺点：易老化，不易保存，制作工艺复杂。

b. 塑料板

塑料板（图43）的适用范围、特性和有机玻璃相同，造价比有机玻璃低，板材强度不如有机玻璃高，加工起来板材发涩，有时会给制作带来不必要的麻烦。因此，应慎重选择。

c. ABS板

ABS板（图45）是一种新型的建筑模型制作材料。该材料为瓷白色板材，厚度为0.5mm~5mm。它是当今流行的手工及电脑雕刻加工制作建筑模型的主要材料（图46）。

优点：适用范围广，材质挺括、细腻、易加工，着色力、可塑性强。

缺点：材料塑性较大。

d. PVC板

PVC板（图44）是另一种新型的建筑模型制作材料。该

44．PVC板　　45．ABS板　　46．用ABS板制成的模型　　47．软木板　　48、49．用软木板制成的模型

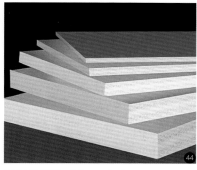

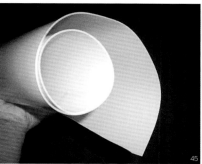

材料为瓷白色板材，厚度为0.3mm~20mm。这是一种性能别于ABS板且用于手工及电脑雕刻加工制作建筑模型的主要材料。

优点：适用范围广，材料韧性强，易加工，着色强、可塑性强。

缺点：材料密度低，切削后断面略显粗糙，后期面层加工制作难度较大。

（4）木板材

木板材属于建筑模型制作的基本材料之一。最常用的是软木、轻木和薄木。

a. 轻木

轻木通常采用泡桐木、巴沙木为原材料，是经化学处理、脱水而形成的板材，亦称航模板。这种板材细腻，并且经过化学与脱水工艺处理，所以在剪裁、切割过程中，无论是沿木材纹理切割，还是垂直于木材纹理切割，加工面都不会劈裂。此外，可用于建筑模型制作的木材还有椴木、云杉、杨木、朴木等，这些木材纹理平直且质地较软，易于加工和造型。但采用上述木材制作建筑模型时，是需要提前经过脱水处理的。

b. 软木

软木（图47）主要是制作建筑模型的基本材料。该材料是将木材粉碎后制成的一种新板材，厚度3mm~8mm，具有多种木材肌理，是制作建筑模型地形的最佳材料之一（图48、49）。

c. 微薄木（树皮）

微薄木是一种较为流行的木质贴面材料，俗称木皮。它由圆木旋切而成，厚度0.5mm~1.0mm，具有多种木材纹理，可用于建筑模型面层处理。

上述三种材料同属于木质材质，其材料的优缺点较为一致。

优点：材质细腻、纹理清晰、极富自然表现力、容易加工。

缺点：吸湿性强、易变形。

2. 辅助材料

辅助材料是用于制作建筑模型主体以外部分的材料，同时也是加工制作过程中使用的胶黏剂。它主要用于制作建筑模型主体的细部和环境。辅助材料的种类很多，无论是从仿

模 型 制 作　**67**

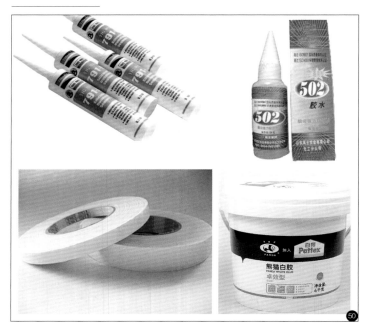

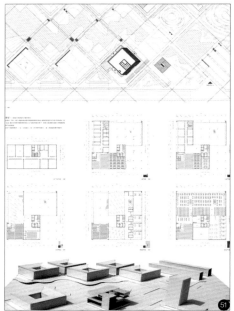

真度，还是从实用价值来看，都远远超过了传统材料。这种超越，一方面使建筑模型更具表现力，另一方面使建筑模型制作更加专业化和系统化。下面介绍一些常用的辅助材料，仅供参考。

（1）金属类

建筑模型制作当中使用的金属材料，主要包括了金属板、金属管、金属线材等。金属材料的使用是根据模型在具体制作过程中实际需要，或者作为部位的特殊需要进行处理的，它有利于模型细部的精致刻画。不过在加工和工具等方面有较高的要求。

优点：加工方便，容易出效果。

缺点：加工工具专业性较高。

（2）可塑性材料

可塑性材料包括了黏土、石膏、油泥、陶土、水泥等。黏土用作研究性的建筑（或室内）模型材料最为方便，主要用来分析和研究未来建筑的外观体积、曲线等的造型、外部空间的组合关系、内部空间的流线关系以及起伏层次变化关系等。

黏土还可以填压到木模内，做出模型所需的各种象征性人物、车辆、家具等点景小品。

石膏一般作为制造品模型的专用材料，尤其是在模型中的环境处理上进行装饰表现时较为常用，如雕塑小品、园林小品以及地形态势的表现等。石膏和黏土一样，也可以灌入木模里，制成模型中所需的配景。

石膏和黏土还多用于模型某一局部的处理或对某一细节的特殊表现，都会起到一定的塑型作用。

油泥材料，主要用于雕塑小品、园林小品，但是价格较贵。陶土、水泥等材料主要用于地形制作、雕塑小品、园林小品。

优点：可塑性高，便于修改，添加方便。

缺点：硬度不强，有些材料价格较高。

（3）胶黏剂

胶黏剂包括了502胶水、双面胶、万能胶、白乳胶、天那水以及玻璃胶（图50）等。胶黏剂是模型成型重要的材料。为了确保模型的质量，了解各种胶黏剂的特点是非常重要的。在实际操作中，要全面地考虑黏结强度和黏结效果（包括张拉、剪切、剥落、弯曲、冲击等），黏结后的环境条件（温度、湿度、光照等），被粘贴物的形状、大小、粘贴方法、操作特性等各个方面。然后，采用最适宜的方法和材料。胶带也属于粘贴材料，使用胶带因为不需要干燥时间，在提高工作效率的方面比胶黏剂优越得多，因而也是现在比较推崇的材料。

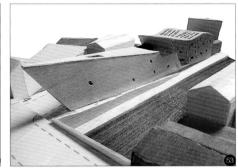

四、建筑模型制作

　　建筑模型制作包括了建筑模型的主体、地形、配景等部分，需要协调主体与配景的关系，做到主体突出。

（一）建筑模型制作设计

　　建筑模型设计是建筑设计完成后，制作建筑模型前，依据建筑模型制作的内在规律以及工艺加工过程，所进行的制作前期策划。

　　建筑模型制作设计主要是从制作角度上的构思。它可以分为两个部分，即建筑模型主体制作设计和建筑模型配景制作设计。

1. 建筑模型主体制作设计

　　建筑模型主体制作设计是在建筑模型制作中首要考虑的重要环节。所谓主体制作设计，是指在宏观上控制建筑模型主体制作的全过程，根据模型用途的属性确定制作方案。

　　建筑模型主体制作方案的制定依据是建筑设计，首先要取得建筑设计的全部图文资料（图51）。一般规划类建筑模型制作应该有总平面图，图纸上建筑要标有层数或高度等数据。若制作比例尺较大的建筑模型，根据制作要求则需要有相应的建筑立面或轴测图。对于制作大型的规划类建筑模型，则要求具备总平面图、建筑单体的各层平面图、立面图、剖面图，有条件的还应具有相应的效果图，为模型制作者提供单面色彩表现及效果表达的参考。

　　将上述资料备齐后，则可进行制作方案设计。制作方案设计不同于建筑设计，它主要是在建筑设计的基础上，对建筑模型主体制作的各个环节所进行的制作前期策划。主要应从以下几个方面考虑。

　　（1）总体与局部

　　在进行每一组建筑模型主体设计时，最主要的是把握总体关系，即根据建筑的风格、造型等，从宏观上控制建筑模型主体制作的选材、制作工艺及制作深度等诸要素，其中，制作深度是一个很难把握的要素。一般认为制作深度越深越好，其实这只是一种片面的认识。实际上，制作深度没有绝对的，只有相对的，都是随着主体的主次关系、模型比例的变化而变化。只有这样，才能做到重点突出，避免程式化。

　　在把握总体关系时，还应结合建筑设计的局部进行综合考虑。因为，每一组建筑模型主体，从总体看，它都是由若干个点、线、面进行不同组合而形成的。但从局部来看，造型上也都存在着差异。然而这种个体性差异，制约着建筑模型制作的工艺和材料的选定。所以，在制作建筑模型主体时，一定要注意结合局部的个体差异性进行综合考虑。

　　（2）效果表现

　　效果表现是在制定方案时首先要考虑的问题。也就是说，想用制作的建筑模型来表达出想要的效果，在考虑这一问题时，主要是围绕建筑主体展开的。

　　建筑主体是根据设计人员的平、立面组合而形成的具有三维空间的建筑物。但有时由于条件的限制，很难达到预想的效果。所以，模型制作人员在模型制作前，应根据图文资料以及设计人员对效果表现的要求进行建筑模型立面表现的二次设计。需要注意的是，这种设计是以不改变原有建筑设计为前提的。

　　在进行建筑立面表现时，首先将设计人员提供的立面图放至实际尺寸。对设计人员提供的各个立面进行观察、调整，以便取得最佳的制作效果。此外，在进行建筑立面表现时，还应充分考虑到由图纸上的平面线条到凹凸变化立体效

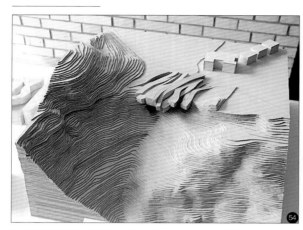

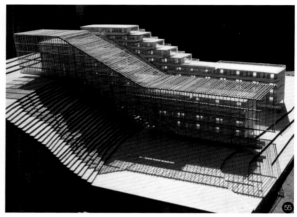

果的转化，分清装饰线条和功能性的线条，做到内容和形式相统一。另外，还要考虑模型尺度。在制作不同尺度的建筑模型时，效果表达的手段也不尽相同。所以，在进行建筑主体立面设计时，一定要把模型制作尺度、制作技法、效果表达等要素有机地结合在一起，综合考虑、设计，一定要注意表达的适度，不破坏建筑模型的整体效果。

（3）材料的选择

建筑模型的色彩是利用不同的材质或仿真技法来表现的。建筑模型的色彩与实体建筑不同，就表现形式而言可分为两种：一种是利用建筑模型材料自身的色彩，这种形式体现的是一种纯朴自然的美（图52）；另一种是利用各种涂料进行面层喷绘，实现色彩效果，这种形式产生的是一种外在的形式美（图53）。在当今的建筑模型制作中，利用后一种形式的居多。

2. 建筑模型配景制作设计

建筑模型配景制作设计是建筑模型制作设计中的一个重要组成部分。它包括的范围很广，最主要的是绿化制作设计。建筑模型的绿化是由色彩和形体两部分构成的。作为设计人员，最主要的就是把方案当中的平面设想，制作成有色彩与形体的实体环境。设计时应注意以下几点。

（1）绿化与建筑的主体关系

建筑主体是设计制作建筑模型绿化的前提。在进行绿化设计前，首先要对建筑主体的风格、表现形式以及所占比重有所了解。而绿化无论采用何种形式与色彩都是围绕建筑主体进行的。

（2）绿化中树木形态的塑造

自然界中的树木千姿百态，但作为建筑模型中的树木，

不可能也绝对不能如实的描绘，必须进行概括和艺术加工。

在具体设计时要考虑以下几点。

a. 建筑模型比例的影响

树木形体刻画的深度是和建筑模型的比例息息相关的。一般来说，在制作1：500~1：2000的模型时，由于比例尺较小，搭配树木应注重整体效果；在制作1：300以上的比例时，应注重树木的具体刻画。

b. 绿化面积以及布局的影响

树木色彩是绿化构成的另一个要素。在设计处理建筑模型绿化色彩时，应考虑色彩与建筑主体的关系、色彩自身变化与对比关系以及色彩与建筑设计的关系，达到主题突出，并丰富建筑模型的效果。

3. 建筑模型配景制作

建筑模型配镜的制作主要是指建筑主体以外的绿化部分。如汽车、水面、围栏、路灯、建筑小品等，这部分制作材料和可以尽量使用一些废旧材料，如使用过的废弃物：各种箱板、包装盒、塑料容器、纽扣及建筑材料等。此外，还有一些平常不被注意的小物品，在背景制作中往往能借助其本身特点发挥大用途，这些材料中体现配景的质感、效果等。

在设计配景时，模型制作者要有丰富的想象力和概括表现力，正确处理各构成要素之间的关系。通过理性思维与艺术的表达，将平面的建筑设计转换为建筑模型的实体环境。

（二）建筑模型制作技巧

每位模型师都有自己一套完整的工艺制作技巧，下面我

a 按地形切割泡沫　　　　　b 砂纸打磨泡沫　　　　　c 筛选细木屑

d 筛选好的细木屑　　　　　e 用水粉颜色调草皮颜色　　　f 对结块的木屑进行处理

g 草皮原料制作完成　　　　h 用作绿化的草粉　　　　　i 制作完成的草坪环境

56

们从最常规的方法中寻找模型制作的捷径。

1. 建筑模型制作特殊技法

　　在建筑模型制作中，有很多构件属于异型构件，如球面、弧面等。这些构件的制作，靠平面的组合是无法完成的。因此，对于这类构件的制作，只能靠一些简易的、特殊的方法来完成。总结起来有以下三种。

　　（1）替代制作法

　　替代制作法是在建筑模型制作中完成异型构件制作最简便的方法。所谓替代制作法就是利用现有成型的物件经过改造而实现另一种构件的制作。这里所说的"现有成型的物

件"主要是指我们身边存在的、具有各种形态的物品，以及我们的废弃物。因为这些物品是经过模具加工生产的，具有很规范的造型。所以，只要这些物品的形体和体量与所要加工的构件相近，即可拿来加工修改，完成所需要的加工制作。例如，在制作某一模型时，需要制作一个直径40mm左右的半球形构件，我们就可使用替代制作法。因为不难发现乒乓球的大小、形状和要加工的构建相似，于是便可将乒乓球剪成所要求的半球体。

　　以上只是一个比较简单的例子，在制作比较复杂的构件时，可以化繁为简，将一个构件分解成为最基本形态的几个

构件去寻找替代品，然后再通过组合的方式即可完成复杂构件的加工。

（2）模具制作法

用模具浇筑各种形态的构件也是制作异型构件的方法之一。在使用这种方法制作时一定要先制作模具。模具的制作方法比较多，这里介绍一种最简单的操作方法。先用塑泥或油泥堆塑一个构建原型。堆塑时要注意造型的准确和表层的光洁度。待原型干燥后，在其外层刷上隔离剂后即可用石膏来翻制阴模，在阴模翻制成型后，小心地将模具内的构件原型清除掉。最后，用板刷和水清除模具内的残留物并放置通风处干燥。干燥后，根据具体情况再做进一步的修整即可完成模具的制作。

在模具完成后，便可进行构件的浇筑。一般常用的材料有石膏、石蜡、玻璃钢等。

（3）热加工制作法

热加工制作法是利用材料的物理性质，通过加热、定型产生物体形态的加工制作方法。这种制作方法适合于有机玻璃板和塑料类材料并具有特定要求构件的加工制作。

在利用热加工制作法进行构件制作时，与模具制作法一样，首先要进行模具的制作。但是热加工制作法的模具没有一定的模式。这是因为，有的构建需要阴模来进行热加工制作，而有的构建则需要阳模进行压制。所以，热加工制作法的模具应根据不同构件的造型特点和工艺要求进行加工制作。另外，作为加工模具的材料也应根据模具在压制构件过程中挤压受力的情况来选择。无论采用何种形式与材料进行模具加工制作，在模具完成后，便可以进行热加工制作。

在进行热加工时，首先要将模具进行清理。要把各种细小的异物清理干净，防止压制成型后影响构件表面的光洁度。同时，还要对被加工的材料进行擦拭。在加热过程中，要特别注意板材受热均匀，加热温度要适中，当板材加热到最佳状态时，要迅速将板材放入模具内，并进行挤压和冷却定型。待充分冷却定型后，便可进行脱模。脱模后，稍加修正，便可完成构件的加工制作。

2. 建筑模型色彩制作设计

作为模型制作者，首先应掌握色彩的基本构成原理，其次要掌握颜色的属性及其他色彩知识，并根据建筑模型制作表现的内在规律，来调制建筑模型制作所使用的各种色彩。在制作中具体运用的方法有以下几种。

（1）利用材料本色

在建筑模型制作中，有很多地方是利用材料的本色进行制作的，如剥离部分、金属构件、木质构件等。人为的色彩处理不能表达材料自身的色彩和效果，所以在这部分的色彩表现上，必须利用材料自身的颜色。

（2）二次成色的利用

在建筑模型制作中，二次成色的利用相当广泛。这是因为原材料的色彩不能满足建筑模型制作的色彩要求，只能利用各种制作手段和色彩调配，改变原材料的色彩，实现想要表达的色彩。

（3）建筑模型色彩的调色

建筑模型色彩的调色是一个非常复杂的过程，在调配过程中要考虑多因素的影响，如果忽略这些，将会影响建筑模型的色彩表达。

这些影响因素包括了操作环境、光环境、尺度、工艺因素、色彩因素等，它们都会不同程度地影响建筑模型的表达效果，在调配色彩时要多加注意。

3. 建筑场地制作技巧

在表现场地环境中高低差较大的模型时，一般采用装饰性与写实性的手法来表现。

（1）装饰性表现技巧

以简洁、概括的手法，象征性地表现地形。按照规定的比例以及地形等高线，将板材（模板、泡沫板、厚纸板）切割成一块块的等高线形状。然后将这些切割好的等高线形状板材，采用多层粘贴，如同表现"梯田"一样，并且忽略自然地形中的细节部分（图54）。这一手法比较适合呈现地形变化大的环境，如果变化不大时，则可以考虑用写实性表现。

（2）写实性表现技巧

具体做法为：按地形图上的等高线，将泡沫板材（减轻底座重量）按自然地势形状切割成近似等高线的层板，并多层粘贴。然后涂上胶水，铺上纱布，再将石膏填上。与此同时，还要注意对自然地形的塑造。等造型完后，在其上面涂胶水，撒上绿色粉末，或喷色彩、或插上植物（图55）。一般情况下，这一手法主要用来表现地形特色。

4. 地面的艺术处理

当底盘的地形有了基本雏形后，接下来就要进行地面的处理。这时候要充分考虑整体关系，以及道路、铺地、青

苔、水面等的处理手法，同时还要考虑到建筑室内外景物的相互关系，做到突出主题。

（1）草地的做法

图56中草地的做法便是较为详细的案例。

（2）水面的作法

如果是很小的水面，可以用简单着色法处理；若面积较大，则多用玻璃板或丙烯之类的透明板。

（3）道路的作法

道路可以分为城市道路和园林道路，在做法上略有不同。当模型需要表现城市道路、园林道路以及广场地面的效果时，先要注意各功能空间的色彩关系，其次是表现质感。

a. 城市道路的表现手法

简单的做法：在底盘上直接着色或粘贴胶带即可。

复杂的表现手法：当表现对象较小，并要求表现出道路与人行道时，可以用软木板、纸板或织物等薄板材料贴在道路的两边，再通过上色以区分道路和人行道的关系（图57）。

b. 园林道路的表现手法

由于园林道路曲曲折折，仅属于人行走的道路（图58）。一般做法会采用涂色、白砂砾、黄沙砾用来及鸡蛋壳等材料，有时也采用木砂纸剪贴。

5. 配景模型制作技巧

配景模型主要从以下三个方面入手。

（1）路牌

路牌是一种示意性的标志物，在制作时要注重比例关系和造型特点。一般以PVC杆、小木杆做支撑，以厚纸板做示意牌。

（2）围栏

制作围栏（图59）最简单的方法是将计算机绘制好的围栏打印出来，然后按比例用复印机复制到透明胶上，按轮廓粘贴即可。

（3）其他小品

此外，还有一些例如电话亭（图60）、家具等小品，制作时应合理利用材料，抽象化表现即可。

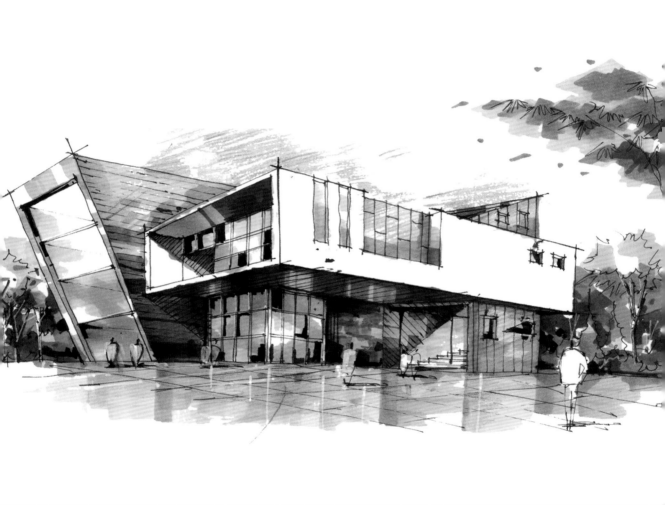

第三篇

绘图篇

图纸是表达设计必不可少的工具。在建筑设计过程中，除正式的工具线条图外，设计师还需要绘制体现设计构思的草图以及具有艺术表现力的图纸。本篇分为表现技法和建筑绘图两章，其中将表现技法作为绘图基础，分别介绍了建筑绘画的过程、工具、表现类型以及构思的草图表达；而建筑绘图则以专业的角度重点介绍了工具和线条图的识读与绘制。

第四章
表现技法

建筑绘画，到底是工程手段，艺术表现，还是建筑创作过程？

大师柯布西耶这样形容建筑和绘画的关系："我从画中寻求形式的秘密和创造性，那情况就和杂技演员每日练习控制他们的肌肉一样。往后，如果人们从我作为建筑师所作的作品中看出什么道理来，他们应当将其中最深邃的品质归功于我私下的绘画劳作（图01）。"

建筑画可简单地认为是以表达建筑之美为目的的绘画形式，并能直观地展现建筑风貌。但广义来讲，建筑画，即建筑与绘画的创作互动，可体现为建筑与绘画对艺术风潮的共同追求及根据绘画作品创作建筑，亦可表现为在绘画过程中的探索和建筑创作。绘画与建筑这两种创作的对话，曾给西方的大师们带来许多的灵感，如建筑师伊东丰雄的名作仙台多媒体艺术中心，其灵感来源的水族箱，以草图形式析释运用至建筑（图02）。

一、建筑绘画的过程

建筑设计虽因其需满足现实的功能需求而具有更多的客观实在性，但因其由主观意识主导而生成，自设计构思与表达之初就无法摆脱艺术。常用建筑表现图是以建筑工程图纸为依据，是建筑设计构想与委托方相互交流的途径，也可以说，建筑绘画的创作，即可天马行空，毫无羁绊，又可深思熟虑，严谨细致。就常见建筑手绘表达而言，可通过观察、分析、临摹和创作来进行学习；具体手段分为推演、构图和塑造（图03）。

（一）推演

推演即在绘画前的对建筑表现的构思，选定表现重点。如规划性建筑设计重点表现建筑群体的相互关系并注重整体表现效果；单体建筑表现重点在于建筑体块和造型特点及周围空间塑造；室内效果图则是正确反映空间的特点，如界面的细部设计、装饰部件的选位、材质与色彩的运用及灯光的设置。

确定表现重点之后，依据不同情况选择表现技法。如铅笔表现、钢笔表现、水彩表现和马克笔表现。

（二）构图

依不同建筑形体来选择构图，如偏扁平的建筑多用横构图，高耸建筑多用竖构图来表现；建筑主体在图中应在四周留有余地以避免因主体过大引起的闭塞、压抑之感。当建筑具有明显方向性而失衡时，可利用配景加以平衡。常见构图形式有向心构图、分散构图、平行构图；构图中应避开的问题有：等分、重复、不稳定和分割不当。

（三）塑造

对建筑主体及其环境进行塑造时可从轮廓、明暗（即光影）、色彩与质感进行塑造。其中，又因表现目的不同而采取不同的表现方案和表现技法。例如需突出建筑体量和高度时，可对其轮廓和明暗进行塑造；需突出建筑细部造型或材料时，可对其色彩和质感进行塑造。

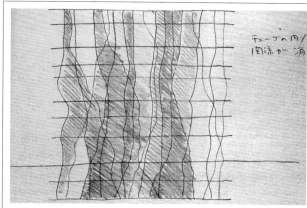

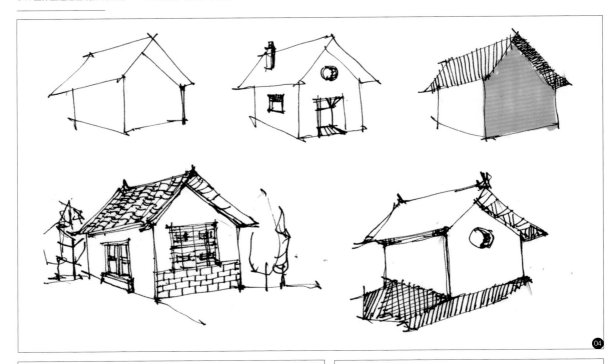

1. 建筑主体塑造

可着手于建筑体、面、洞、材质和阴影进行建筑主体塑造（图04），而建筑环境塑造则可从配景塑造入手。首先，在塑造建筑体量时，明暗交界线的恰当描绘是表现其体量感的捷径。在对建筑形体的体块描述后，以明暗色调表现出不同的面，特别是主要表现面与其侧立面的交界描绘，以暗面衬托亮面，达到塑造建筑形体的目的。

2. 常用配景塑造

常用配景包括植物、人物、车辆、道路、天空、水面，在进行塑造时也常结合建筑或场所布置广告、灯饰或雕塑，以达到塑造出较为真实的环境和场所氛围（图05~图07）。

除塑造建筑场所氛围外，配景亦可显示建筑尺度，这也是常用1.7m高视角来绘制建筑表现图并在图中示意相应大小配景人物的原因。配景亦可调节建筑表现图的平衡，并可将观看者的视线引向画面的重点。可以这样讲，建筑场所的空间和氛围塑造，很大程度上取决于配景所选取的符号、色调及构图植物。

植物所携带的场所信息较为丰富，特殊的植物能够表现出地域、场所及建筑风格。树木常被作为远景或前景使用，作为远景的树木可协助表现图形成空间深度并暗示道路之指向，作为前景的树常以轮廓线的形式出现，可起到框景的作用。

（1）人物

在建筑表现图中，人物的出现一般有显示建筑的尺度、增加建筑表现图中的场景氛围、协助构图和增加空间感的作用。人物的使用和表现常使用符号化的简单线条，宁简勿繁。

（2）车辆

因其运动的特性，可使静止的建筑和场景增添动势和生机。车辆的出现亦可协助构图，强化道路走向和场地关系。控制好比例和透视方向，并辅以阴影塑造，可增加车辆的速度感。

（3）道路

绘制道路时，可做简化处理，近处颜色较深，远处因反光等原因较亮。地面因面积较大、材质光滑而产生的投影，亦可丰富地面和场景。绘制倒影时可对其形象和色彩进行简化和概括。

（4）天空

绘制天空时，其色彩纯度渐远渐弱，其明度渐远渐高。晴天白云，使建筑显露在强烈的日光下，塑造其闪耀之感。朝暮晚霞，使建筑沐浴在奇妙的光线下，更显建筑及环境氛围的特殊效果。

二、绘画工具及尝试

绘画所需最简单的工具包括：书写工具和受面。如木棍和沙子、手指和有霜的玻璃都可作为绘画工具，四万年前的人类在其居住穴洞里，用燃烧物的灰烬和矿石吹出其手印（图08）。在人类的文明史中，为了使图像持久或显示特殊效果，产生了多种绘画工具，每种纸笔组合都能表现出特定的视觉特征；而这多种的绘画媒介可分为干湿两大类：干性的，如石墨和炭条等，可以反映绘画表面肌理以及各种线条的深度和宽度。湿性的，如钢笔、水彩和马克笔等，能够绘制出更为流畅的、稳定的、透明度和宽度不断变化的线条。

（一）干性绘画工具

干性的绘画媒质，如石墨和炭条等，可以反映压力和绘画表面肌理以及各种线条的深度和宽度。具体类型有以下几种：

1. 铅笔

铅笔价格便宜，能形成各种笔触，可用做色调融合和暗部阴影。普通铅笔一般分为从6H~6B十三种型号：H意为Hard，即指其硬度；B意为Black，指其黑度。越硬的铅笔绘图越精细、越浅；反之，软铅笔可用来渲染密且深的调子。对于多数徒手画而言，HB、B和2B是常用的级别。目前亦有专为绘图而生产的绘图铅笔，其质地更均匀细密，故能画出更为流畅、质地统一的线条。

2. 炭笔

炭笔笔触粗犷，易形成快速、具表现力的草图，是质感很好的绘画工具。其色阶表现的丰富程度超过铅笔，且可以辅助手指涂抹产生柔和的色调层次，表现手段很多样。但是炭笔的缺点是附着力差，容易弄脏，可配合素描定画液使用，即画完之后喷一层定画液。

木炭条是质感最软的炭笔，适合大幅度挥洒用笔，但因其碳粉会轻易地脱落，画完后需喷定画液。炭精条比木炭条的附着力稍强，但笔触手感略硬。炭铅笔结合了铅笔和炭笔的优点，既有一定附着力，其笔触亦不会像铅笔那样产生反光，适宜刻画细部。

3. 自动铅笔

自动铅笔因其笔芯较细，适合绘制精细的铅笔稿或为图纸中细部描绘所用。但因对力度掌握适度，以不破坏笔芯和纸面为宜。亦可选择可更换笔芯硬度的自动铅笔，以备不同之用。

4. 拉线蜡笔

拉线蜡笔是将蜡质笔芯包入纸线卷以保护其软质并易于露出新笔芯，拥有较好的手感，可根据运笔手势的轻重画出富有变化的线条，并有多种颜色可选择。如搭配使用较厚的纸张，可配合松节油使用，用其溶解蜡笔笔触，可产生柔和的色调效果。

5. 不溶性彩色铅笔

这是比较容易掌握的涂色工具，颜色全面，绘画效果清新简单，着色均匀、绘画流畅。无论在概念方案、草图绘制或是成品效果图中，都不失为效果突出的画具。不溶性彩色铅笔是较为传统的彩铅，相对近年出现的"水溶性彩色铅笔"而言，前者芯质较硬，不溶于水，使用时可控制其线条和色泽。

（二）湿性绘画工具

湿性的绘画媒质，如钢笔、水彩或马克笔等，能够绘制出更为流畅的、稳定的、透明度和宽度不断变化的线条。具体类型有以下几种。

1. 自来水钢笔

可包括普通书写钢笔和笔尖弯曲的美工钢笔。普通钢笔能够画出流畅的、匀质的且持久的线条。而美工钢笔将钢笔尖处理成弯头，可根据运笔的角度画出粗细不等的线条。

2. 针管笔

针管笔是笔尖形态最为纤细的硬笔，能绘制出均匀一致的线条。包括可灌装墨水的专业针管笔，也有一次性的针管笔。前者笔头是长约2cm中空钢制圆环，里面藏着一条活动细钢针，上下摆动针管笔，能及时清除堵塞笔头的纸纤维。后者形为细毡头笔。灌装墨水的针管笔具备线条均匀、稳定并精细的好处，但需保养。一次性的针管笔非常方便，但笔头磨损后，对绘制线条有影响。常见型号为0.1mm~1.2mm。

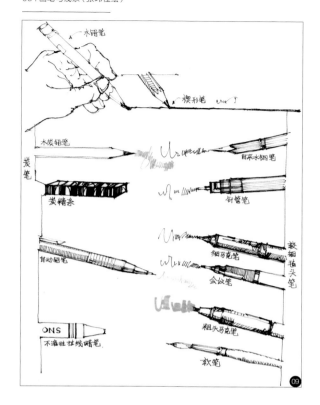

6. 水彩和水粉及其用笔

当水彩颜料以水为媒介调和颜料作画时，因其颜料本身具有透明性，结合绘画过程中水的流动性，透明度较高，会显出随机的水色结合肌理和效果。水彩脱胶后进行渲染曾是建筑效果图的最常见表现手法。

水粉颜料又称广告色，是一种不透明的颜料。以其廉价作为油画颜料和丙烯颜料的替代品用于练习。水粉常以白色颜料作为媒介，以色块的形式作画。其色层较厚、较适合表现质感。

在建筑表现中，水彩和水粉常配以毛笔类的画具，如"大白云""中白云""小白云""叶筋""小红毛"和板刷等使用。

（三）兼具干湿两性的绘画工具

水溶性彩铅中的铅芯是用具有高吸附显色性的微粒颜料制成，兼具透明度和色度。即可作为均匀的彩铅线条使用，并可用蘸有水分的毛笔溶解其线条，显示水彩特征。常用方式为部分溶解，既有线条笔触，又有水色效果，极具表现力。

（四）纸张

建筑画的常用纸张可大体概括为以下几种类型。

1. 拷贝纸

拷贝纸是一种非常薄的半透明纸张，稍具韧性，可反复折叠蒙拓，便于在原基础上多次修改，在设计过程中用以绘制和修改方案，宜与较软铅笔搭配使用。

2. 硫酸纸

硫酸纸是专用的拓图纸张，因其制作过程中使用浓硫酸处理而得名。其纸质纯净、强度高、透明好、有多种不同厚度可选择。可用于画稿与方案的修改和调整。与拷贝纸相比，硫酸纸比较正规，因为它比较厚而且平整，不易损坏。因表面质地光滑，铅笔笔触附度较低，适宜使用墨笔。

3. 绘图纸

专供绘制尺规工程图的用纸。其纸质紧密而强韧，低光泽，具耐擦、耐磨等性质。适用于铅笔、墨笔或马克笔等工具的绘图所需。

3. 粗头马克笔

马克笔是各类专业手绘表现中最常用的画具之一，笔头为密致毡头，墨水分为油性、水性和酒精三种。水性马克笔的笔触可以局部溶解于水，可以配合一些湿画法。油性马克笔的笔触防水，颜色饱和度较高。酒精马克笔的笔触透明感很好，适合画一些笔触透明叠加的快速效果表现图。马克笔以其粗犷的线条，给人快速的视觉感受，会省略一些细节。

4. 较细毡头笔

较细的毡头笔包括细马克笔和会议笔，可绘制出尖锐有力的线条，适合精确的细部描绘。细马克有多种色彩，可作为绘制草图的有力工具。会议笔本非绘画工具，但因其为一款廉价和毡头兼得的工具而备受欢迎，因其颜色溶于水，可配合水性马克笔运用，可得到互溶后的特殊效果。

5. 软笔

以塑胶材质作为笔头，连接墨水胆以模仿传统毛笔效果，适用于白描式画法。

4.水彩纸与水粉纸

水彩纸是水彩绘画的专用纸。在手绘表现中由于它的厚度和粗糙的质地具备了极其良好的吸水性能，所以它不仅适合水彩表现，也同样适合黑白渲染、透明水色表现以及马克笔表现。

5.复印纸

复印纸纸张密致程度、厚度及着色性适中，在日常练习中使用，便于购买和获得，价格便宜。适宜使用铅笔、钢笔、细毡头笔或水性马克笔的速写练习及快速表现。

三、建筑绘画种类

建筑绘画具有不同的类型，以下分别就铅笔绘画和钢笔绘画两类进行讲解。

（一）铅笔绘画

铅笔绘画多以线条作为表现手段，其中，轮廓线在分隔和限定的同时，描绘出物体的形状；表现性线条可描绘出色调深浅和肌理粗细、构成装饰纹样及特殊风格；控制线可作为探索、度量并构成感知的方法。

1.铅笔草图的工具选择及技法

铅笔因其质松、粗细易调、可轻可重，可粗放表达，也可细腻刻画，特别利于不同色阶的黑、白、灰调表现，层次丰富。

在铅笔绘画的过程中，垂直用笔可塑造出坚挺有力的细线，倾斜用笔可塑造出较宽的线条；用力描绘可绘制出较实的线条，反之，用力较轻绘制出较虚的线条。而利用此轻重变化可塑造退晕的效果。如需塑造大片灰面，可运用平行于纸面的运笔铺衬。而根据不同的创作阶段，可选择不同的铅笔来表现：其中创作初期可使用4B~6B铅笔，用其质软铅黑来表达意向性要求最佳。创作深化阶段使用3B~4B铅笔，利用侧锋和尖峰，达到粗细兼备的深度要求。创作终结时，可使用1B~3B铅笔，重点强调用4B，也可用4B铅笔加强细节。

2.铅笔绘画的方法

常用的铅笔绘画的方法包括素描法、线描法和叠合法三种。

（1）素描法

素描法也可称为铅笔渲染。此画法比较写实，也容易被委托者看懂。素描法富有光影效果，对于检验设计实效颇为有利，在表现时，除要求轮廓准确无误，还要适度掌握黑、白、灰基调。初始概念草图可用粗铅或中粗铅直接绘图，以确定整体构思；画构思草图时用较尖软铅，灵活用笔，可画出或宽或窄、或深或浅的线条；收尾阶段可将铅笔削尖或使用自动铅笔，在建筑轮廓、细部及受光面外轮廓线，用尖头垂直方向着重刻画，可达挺拔有力的效果。

（2）线描法

线描法亦可称之白描。此方法适用于要求有勾线基础，线条流畅有力，达到一定的装饰效果的对象。线描画法特点在于清新利落，各部位都能交代清楚，对设计深化实施较有利。

（3）叠合法

叠合法即采用线描与素描叠加绘制的草图。素描法渲染图分量较重，适宜于表现主题，白描分量较轻，宜于表现前景和远景，二者结合，即能突出主题的重要，也可丰富画面的层次。

（二）钢笔绘画

钢笔对于建筑描绘来说，可谓集表现力和便捷性一体的工具，既用来搜集素材，也可以作为方案构思的快速表现，或者作为写生和创作建筑表现画。钢笔画的主要技法是排列组织线条，利用其调式、线条和色块组织、构成空间和层次。根据其手法侧重不同，可分为排线法、白描法和黑白法（图10）。

1. 排线法

排线法就是将素描的技法使用在钢笔画中，利用钢笔排线形成明暗不同的调式，以塑造形体或空间，是一种较为写实的手法。

2. 白描法

白描是一种以墨线不着色靠线描塑造形象的中国式传统技法，即用描线表现刻画对象。此方法可借鉴中国画技法。它需要构图严谨，讲究线条，并安排配景对整体气氛进行营造（如水浒传刘君裕、戴邦敦插画）。在实际绘画中，多用于速写整理，适宜描绘东方传统建筑。绘画者可用美工笔和软笔来进行白描画法。

3. 黑白法

黑白法是运用大块的黑、白、灰穿插安排，再以自由线条加以协助塑造，最后形成装饰性较强的画面，耗时较多。

对于钢笔线条来说，不同材料的质感表现，可用相应的绘图笔组织线条的方法。如清水砖墙使用水平线条来表现，小尺度的砖块用细水平线来画，较大尺度的砖墙只需在转角处适当画出几块就可概括。墙面颜色不适合用线条来表示，墙的亮面要保持一定明度，与暗面的区别可以用点的疏密、线的轻重体现出来。画乱石墙也应用概括的方法，在转角处、轮廓处比较清楚的地方画一些石块，其余部分逐渐模糊，避免使用相同方向的线条（图11）。

由于对线条的使用方法不同，在建筑表现图中，有的偏重于用线描的方法来勾画建筑物的内部轮廓；有的强调线条的自由变化，有的强调线条的统一，但基本可以以掌握黑、白、灰三种元素的使用为练习目的。

（三）水彩与淡彩

水彩，顾名思义就是以水为媒介调和颜料作画的表现方式。淡彩则是先用铅笔、钢笔等工具画出对象的轮廓或画出明暗，然后再画上薄而透明的水彩。

1. 水彩画

水彩画，从绘画史的角度来看应为舶来品，却与我国传统水墨画有较大共通性——即水色交融、透明流畅、神秘变幻的魅力以及用笔用色、干湿浓淡的绘画技法。可以说，水彩这种画法，既符合东方审美，又兼具西洋画法的塑形表现形式。在传入我国的百年时间内，愈加显示出更广阔的艺术表现力。

色彩是建筑学专业的必修专业基础课之一，其中水彩画因工具简单、写生方便、特别是其既可以用干画法塑造坚实的建筑形象，又可以用湿画法渲染丰富多彩的自然环境而成为实用且具表现力的画法。我国老一辈建筑师和教育家梁思成、杨廷宝和童儁先生都乐于用水彩来创作建筑画。

水彩画因其色彩鲜明、笔法流畅、透明轻快的特点，作画时要注意速度，要从整体出发、局部入手，使布局得均匀、紧凑。水彩画以"水"作为介质进行绘画，为避免效果干涩，可在水分"将干未干"时，一气呵成，尽量不用叠加笔触，以此保持色彩鲜明。在画范围较大的画面时，要斟酌停笔位置的点和线，明确取舍，可用概括细部的画法突出建筑主体的重点。

另外，在创作水彩画控制颜色的同时，如何控制好水成为画好水彩重要技法之一，即掌握好颜料本身的透明性，利用水的流动性来绘画。水与色的结合、其透明性和由水带动随机性产生的肌理都是值得探索的材质特征。而色与水相融产生的色彩干湿浓淡的变化及不同程度的渗透都是水彩画表现力的产生途径，以此可形成透明酣畅、亦真亦幻的视觉效果，适宜表现环境的灵动之美，可谓一种表现力很强的绘画媒介，比较适宜即兴速写。

在选用水彩颜料时应辨明颜色的性质，是透明色还是沉淀色。透明色包括柠檬黄、朱红、普蓝等，沉淀色如土黄、群青、钴蓝等。绘者可根据题材的要求进行颜色的组合，充分发挥颜色的本性以及与水调和后的效果。

2. 钢笔淡彩

钢笔淡彩，主要是在钢笔稿上用浅淡的水彩颜色塑造建筑主体及环境。钢笔线条可以解决基本造型问题，简洁并具概括性的色彩可增加气氛的渲染，增添画面的表现力。在使用钢笔淡彩刻画景物时，钢笔造型要尽量完整，简要概括地表现景物的空间结构关系，在亮面部分留下空间，以淡彩上色。色彩浓度要适当，以色彩透明、不遮盖钢笔线条为佳（图12）。

在塑造建筑主体时，亮面选用亮度较高的明快色彩，

a描述型绘画

b构思型绘画

c无意识绘画

暗面选用亮度较低、色相较低的暗调色彩。在塑造环境配景时，树木中落叶阔叶树通常为浅绿色，常绿阔叶树为带有光泽的暗绿色，常绿针叶树为灰绿色。山石、土面的色彩用较暗的暖色调，易突出主景，起到更好的画面效果。天空常用清爽明亮色调，晴天以群青或普兰为主，多云天灰白为主，其中也可选取早晨、傍晚或夜晚，以求其色彩丰富或光线绚烂。当天空为背景布置主景时，主景宜采用暗色调或与蓝天成对比的白色、米黄色、灰白等色彩，不宜用与天空色彩类似的淡蓝色、淡绿色。水面的色彩本身为蓝色或绿色，其色相程度与水质的清洁和水深有关，水愈清愈蓝，水愈深愈蓝。广场道路色彩暗淡温和，多用暗色调，如灰色、青灰色、黄褐色、暗红色等。山石色彩应宁静、古朴、沉稳，多选用灰色、青灰色、黄褐色等。

在钢笔淡彩中，应注意细微的变化，如形与景的互造、色调的互相衬托，力求色彩效果和空间层次的饱满和丰富。

（四）马克笔表现

马克笔表现可分为塑形和着色两个步骤，力求表现其画法的艺术性，让整体画面具有吸引力。

一般使用墨线绘制透视准确、构图协调的建筑及配景表现图，方法可参见"建筑主体与配景塑造"小节内容，并为马克笔上色及塑形留有余地。

在着色过程中应注意，马克笔笔触与线条相比，更接近"色块"，整齐排列相对来说更宜于表现和塑造。首先，肯定的落笔可通过线条练习得到，在着色过程中，使用连贯有力、肯定的笔触，依先浅后深的顺序，均匀、快速、放松、灵活地排列线条，在此过程中，避免重叠、过慢和凌乱的线条。而且在塑形中，为表现物体高光和材质的透气感，应巧妙留白（图13）（包括基本笔触和用笔技法）。

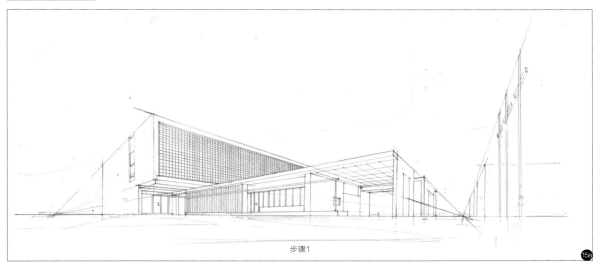

步骤1

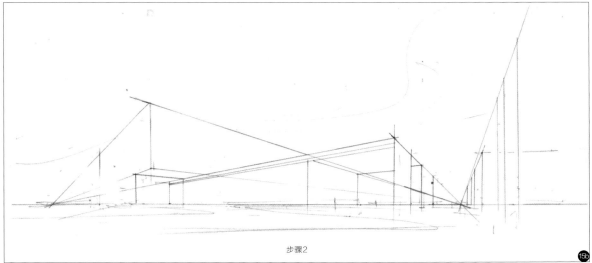

步骤2

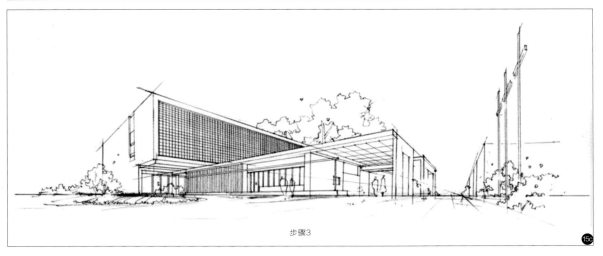

步骤3

步骤4

15d

完成

15e

四、绘画思维与快速表现

绘画的创作是思维和表现技巧共同探索过程。对于思维培养来说，要点在于如何练就一双"心灵之眼"，将观察和思维结合起来；而表现技巧的训练在于观察、思考和练习。在建筑绘画过程中，一般常见有描述型绘画、构思型绘画及无意识绘画（图14）。

（一）描述型绘画

描述型绘画即有目标的描绘建筑，包括建筑造型、细部、材质与色彩以及有构想的环境设想与分层次描绘。通过描述型绘图，我们力求精确记录和表现所见的事物或设计目标。其中，前者的记录是描绘或对大师作品的细致临摹，这个过程可锻炼眼睛的精细观察、大脑的准确捕捉感和徒手表现能力。建筑表现图是典型的描述性绘画（如图15a~15e）。

绘画者的表现目的由其设计目的、特定的感知、理解和兴趣所决定。通过洞察力和解析思维，我们能够提炼并分离出事物的诸多要素，每位绘画者都具有独特的能力从大量视觉信息中择筛所需的信息，将注意力集中描绘特征信息上。

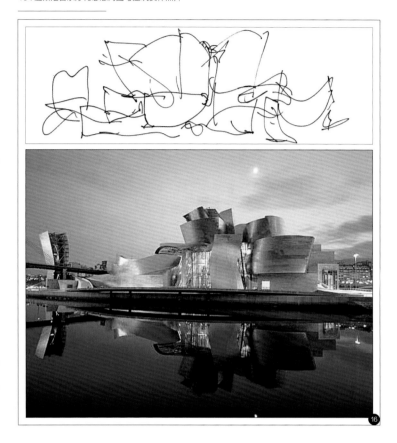

（二）构思型绘画

　　视觉思考是日常运用较多的一种思维方式，从整理前在头脑中的预先策划，到一位设计师对建筑或产品的期待，即"从无到有"的设计过程——如何将此种思维表现出来？我们可以借助绘画来表现，协助这种思维的完善并实施设计过程。如建筑师安藤忠雄在光之教堂设计过程中所绘制的构思草图，就是一些决定性的草图决定了其建筑面貌。

　　由此可见，构思型绘画以创作并协助推演草图为目的进行绘画。在此过程中，绘画既是设计意图表达和设计成果，也是设计者在设计过程中探索设计艺术的镢头和矿灯，对图像的描绘和反哺成为这一过程的主要内容。这种绘画可称为有目的的探索性草图，也可称为一种思维开放的创作过程，其绘图过程和绘制出的图像都可以激发想象，进一步挖掘潜在的设计思维。绘画可以让我们看到所画事物之外的东西，引发多种可能。

（三）无意识绘画

　　无意识绘画即在无意识的状态下进行绘画，也可称为自主绘画或行动绘画。鉴于潜意识的巨大能量，这种看似放松的绘画状态常会挖掘我们潜意识。

　　阿尔多·罗西（Aldo Rossi）是以无意识绘画作为潜意识的挖掘进行建筑创作的一位建筑师，他相信，无意识状态下的绘画过程正是对人类潜意识里城市记忆的挖掘，而这种记忆表现在纸上，可作为延续城市记忆的建筑符号使用。

　　建筑师弗兰克·盖里（Frank Ouen Gehry）也乐于此种无意识绘画的创作过程，即在头脑尚未清醒地意识到之前，将这些发自内心的闪光之物托付给手，以挖掘出潜意识中悬浮的更多自由形态。他设计的建筑迪斯尼音乐厅很好地使用了此种创作方法（图16）。

第五章 建筑绘图

建筑设计的表达仅用建筑绘画是远远不够的，对于学习建筑设计的专业人员来讲，如何使用建筑绘图这种工程化的语言传递设计意图是必须掌握的一项技能。建筑绘图主要用来表达建筑的功能和技术，作为用绘图工具绘制的线条图。

一、绘图的基本元素与要点

绘图的基本元素包括绘图工具、工程字体和工程线条三部分。而绘图的基本要点是保证完成工具线条图的关键。

（一）绘图工具及使用要点

对工具的了解和掌握，是绘制一套完整的设计图最基本的要求。

1. 丁字尺或直尺、三角板

这是最常用的线条绘图工具，使用前必须擦干净，其使用要领有以下几点。

a. 丁字尺尺头要靠紧图板左侧，绘图时，不可以在其他侧边使用；

b. 三角板必须紧靠丁字尺上边沿，锐角方向应在划线的右侧；

c. 水平线是通过丁字尺自上而下移动而获得，运笔需要由左向右画出；

d. 垂直线是由三角板自左向右移动，运笔则是由下而上画出；

e. 30°、45°、60°、75° 等常用角度可由丁字尺与三角板组合画出；

f. 划线时手的姿势应保持规范，避免擦除画面。

2. 圆规和分规

圆规是绘图中完成曲线绘制最常用的工具，而分规是用来截取线段、量取尺寸和等分线段或圆弧线的绘图工具，具体使用方法如下。

a. 当用圆规画圆时，应顺时针方向旋转，规身可适当前倾；

b. 画大圆时，可接套杆，此时针尖与笔尖要垂直于纸面，画小圆时用点圆规；

c. 用分规时应先在比例尺或线段上进行度量，然后量到图纸上，分规的针尖位置应始终在待分的线上，弹簧分轨可做微调；

d. 注意保护圆心，勿使图纸损坏；

e. 若曲线与直线相接，应先曲后直，若曲线与曲线相接，应位于切线处。

3. 针管笔

针管笔是绘制图纸的基本工具之一，能绘制出均匀的线条。

4. 直线笔（鸭嘴笔）

直线笔也用来绘制墨线线条，运用直线笔需掌握以下几点。

a. 用碳素墨水，通过调整螺丝控制线条的粗细；

b. 将墨水注入笔的两页中间，笔尖含墨不宜长过6mm~8mm，否则易滴墨，笔尖上墨后要及时擦干净，保持笔外侧无墨迹，以免洇开；用完后，放松螺丝，清理干净；

c. 画线时，笔尖正中对准所画线条，并与尺边保持一定微小距离，运笔时，注意笔杆的角度，不可将笔尖向外或向里倾斜，运笔速度均匀，线条交错时，要准确、光滑；

d. 直线笔可由不同粗细的针管笔代替。

5. 比例尺

比例尺上有6种比例刻度，表示了要度量的实物长度，比例尺通常表示图上距离比实际距离缩放的程度，而常用的

三角板　　　　　　　　　圆规　　　　　　　　　　建筑模板

一次性针管笔　　　　　　铅笔　　　　　　　　　　针管笔

橡皮擦　　　　　　　　　铅笔　　　　　　　　　　擦图片

曲线板　　　　　　　　　比例尺　　　　　　　　　丁字尺

01

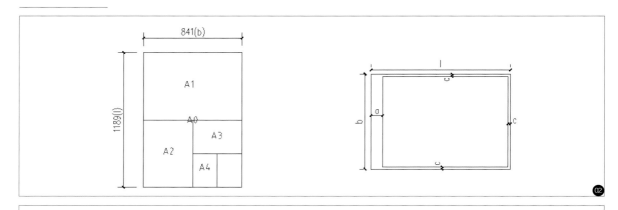

字体工整　笔画清楚　间隔均匀

横平竖直注意起落结构均匀满格

建筑制图技术

三棱比例尺中如1：100的刻度就代表了1M长的实物，而刻度尺寸则是实物的1/100，其余以此类推。

（即A0）大小折叠次数。常用纸号包括A1、A2、A3和A4（图02）。

6.绘图纸

纸张的大小常以A0~A4来代表；后缀数字代表其初始张

表1 常用图纸尺寸及图框尺寸

尺寸代号	A0	A1	A2	A3	A4
b×l	841×1189	594×841	420×594	297×420	297×210
c	10	10	10	5	5
a	25				

（二）工程字体

文字和数字是工程图纸重要的信息展示组成部分，要求清晰、工整、美观、易辨认。

工程字体应采用长仿宋字，其高与宽的比约3：2，字间距为字高的1/3或1/4，行间距为字高的1/2或1/3。字在图中的大小应视整体图形尺寸及图纸大小而定，使文字与图形

相互协调。长仿宋字的书写要领是：笔画横平竖直，注意起落；字形结构排列均匀，注意满格、缩格和出格（图03）。

数字字形，要注意运笔顺序和走向，可直写也可75°斜写（图04）。

在一幅建筑图中，无论汉字、数字或外文字母，其变化不宜过多，要保证整幅图纸的整齐一致，清晰美观。字体的练习是长时间的坚持，要认真、要刻苦，才能做到熟能生巧。

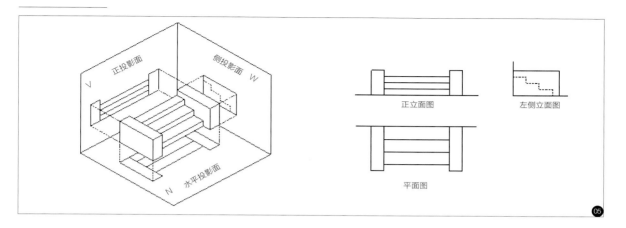

正立面图

左侧立面图

平面图

（三）工程线条

表2 工程线条

名称		线型	线宽	一般用途
实线	粗		b	主要可见轮廓线
	中		0.5b	可见轮廓线
	细		0.25b	可见轮廓线、尺寸线、图例线等
虚线	粗		b	见有关专业制图标准
	中		0.5b	不可见轮廓线
	细		0.25b	不可见轮廓线，图例线等
单点长划线	粗		b	见有关专业制图标准
	中		0.5b	见有关专业制图标准
	细		0.25b	中心线、轴线、对称线
双点长划线	粗		b	见有关专业制图标准
	中		0.5b	见有关专业制图标准
	细		0.25b	假想轮廓线，成型前原始轮廓线
折断线			0.25b	断开界线
波浪线			0.25b	断开界线

二、建筑三视图的识读与绘制

　　建筑是由长、宽、高三个方向构成的三维空间体系。要想完整表达空间，仅在一个图样上完整、准确地表示它是不够的，建筑图纸必须由几个互相参照的二维图样综合形成，读图者可以根据单个图样绘制想象某一方向的建筑形态，也可以根据这几个二维图样准确地还原建筑的空间形态与位置关系。

　　建筑绘图就是表达建筑实体的二维图样，它是以投影几何中三面投影原理为依据而形成的线条图，即为正投影图。正投影图能够反映物体的真实形状、大小、比例和尺度，作图简便，因而成为建筑绘图中主要的图示方法（图05）。

（一）建筑平面图

　　建筑平面图是表达建筑空间及功能组成的图样，它能够体现建筑每一层及每个房间的平面布局。

1. 平面图的形成

　　平面图是建筑绘图中最基本的表现图样，是通过利用一个假想的水平剖切面沿建筑的门窗、洞口之间剖开，移去剖切平面以上的部分，将余下部分正投影到H面上而得到的图样（图06）。

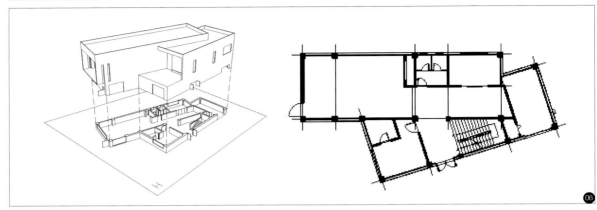

06

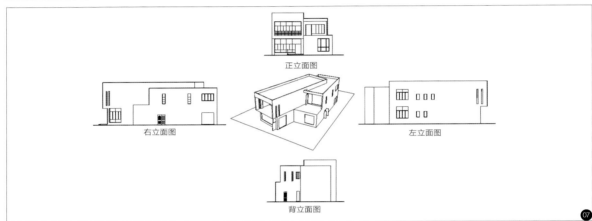

正立面图

右立面图

左立面图

背立面图

07

2.平面图的用途

　　平面图用以表达建筑的平面形状、房间布置、朝向、内外交通联系，以及墙、柱、门窗等构配件的位置、尺寸等内容。一般来说，房屋有几层，就应画出几个平面图，如一层平面图、二层平面图、顶层平面图等，在多层或高层建筑中，如果出现较多平面布局相同的楼层，即可用"标准层平面图"统一来表达。

（二）建筑立面图

　　建筑立面图是表达建筑外观如何对应建筑内部空间的图样，它可以表现出建筑不同方向的形象特征。

1.立面图的形成

　　立面图是直接将建筑的各个墙立面进行正投影所得到的平面图（图07）。通常，从建筑正面看过去，画出来的正投影图称为正立面图。同理，其他面投影图可称为背立面图、左立面图及右立面图，也可以根据建筑各个立面的朝向，将立面分别命名为东立面图、西立面图等。

2.立面图的用途

　　立面图主要用来表达房屋的外部造型、门窗位置及形式、外墙面装修、阳台、雨篷等构件的具体设置情况。

（三）建筑剖面图

　　建筑剖面图是表达建筑整体结构关系的图样，它能够完整体现建筑在垂直方向上的构成。

1.剖面图的形成

　　假想用一个平行于投影面的剖切面，将房屋剖开，移去观察者与剖切平面之间的房屋部分，作出剩余部分的房屋的正投影，所得到的图样即为建筑剖面图（图08）。

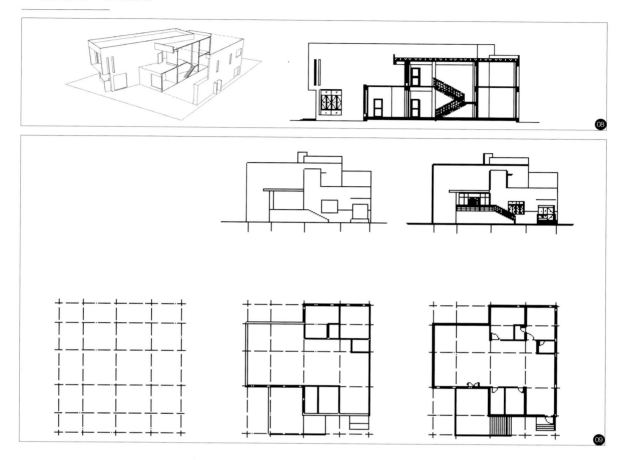

2. 剖面图的用途

剖面图主要表示房屋内部垂直方向的结构层次、分层情况、各层高度、楼面和地面的构造层次以及各配件在垂直方向上的相互关系等。

（四）绘图步骤

首先，准备好纸和工具，并将图纸横平竖直地固定在图板上，均衡地规划好图面布局，安排好所画图形应包含的所有内容，包括标题、注字等排版工作；

第二，用较硬的铅笔（比2H硬）画轴线、打底稿，稿线要细、轻而明确，线条相交时可以交叉、出头；

第三，由浅到深地加重。先用细线全部加重一遍，如细实线形式的可见线、尺寸线和轴线等一次画成；在此基础上

加深中粗线，然后再加重粗实线。这一个步骤需要注意以下问题。

a. 粗线则需要往线的内侧加粗，以便由线的外侧来控制尺寸；

b. 三种线的粗细既有区别，又彼此匹配；

c. 常用H铅笔作可见实线，用HB铅笔作立面轮廓线和剖切线；

d. 如果绘制图样为墨线图，则可在铅笔画好的底稿上用针管笔或鸭嘴笔进行加重。加重的顺序为由细到粗，粗线也是向内加粗；

e. 建筑绘图中，统一的制图原则为：先细后粗、先曲后直、先上后下、先左后右、先铅线后墨线；

f. 标注字、尺寸、标高及其他标识符号，写图名、比例及图纸标题，再画图框。

第四篇

设计篇

设计是把一种计划、规划、设想通过视觉的形式传达出来的活动过程。人类通过劳动改造世界，创造文明，创造物质财富和精神财富，而最基础、最主要的创造活动就是造物。设计便是造物活动进行预先的计划，我们可以把任何造物活动的计划技术和计划过程理解为设计。本篇分为建筑设计启蒙和方案设计入门两章，引领初学者从构思雏形中提炼草图原型，并在此基础上完成方案的功能、结构和空间的设计。

第六章
建筑设计启蒙

广义的建筑设计是指设计一个建筑物或建筑群所要做的全部工作。由于科学技术的发展，各种科学技术在建筑上的运用越来越广泛深入，设计工作常涉及建筑学、结构学以及给排水、供暖、空气调节、电气、燃气、消防、防火、自动化控制管理、建筑声学、建筑光学、建筑热工学、工程估算、园林绿化等方面的知识，需要各种科学技术人员的密切协作。

但通常所说的建筑设计，是指"建筑学"范围内的工作。它所要解决的问题，包括建筑物内部各种使用功能和使用空间的合理安排，建筑物与周围环境、与各种外部条件的协调配合，内部和外表的艺术效果，各个细部的构造方式，建筑与结构、建筑与各种设备等相关技术的综合协调，以及如何以更少的材料、更少的劳动力、更少的投资、更少的时间来实现上述各种要求。

一、什么是建筑设计

一般所谓的建筑设计包括方案设计、初步设计和施工图设计三个阶段。其中方案设计作为建筑设计的第一阶段，担负着确立设计思想、意图，并将其形象化的职责，它在整个建筑设计过程中具有开创性和指导性的作用；初步设计与施工图设计则是在此基础上逐步落实经济、技术、材料等物质需求，是将设计意图逐步转化成真实建筑的重要筹划阶段。在高等院校中，建筑设计训练更多地集中于方案设计。

方案设计的具体设计方法可归纳为"先功能后形式"和"先形式后功能"两大类。"先功能"是以平面设计为起点，重点研究建筑的功能需求，确立比较完善的平面关系之后再据此转化成空间形象。"先形式"则是从建筑的体型环境入手进行方案的设计构思，重点研究空间与造型，确立形体关系

后，再来填充完善功能。"先形式后功能"的设计方法与形态的思考密切相关。

（一）形态的思考

形态思考是我们常用的一种思考方法，也是对事物的一种理解方式。譬如，有时我们将一些复杂的事物用简单的图示来表示，这样的方法不是通过文字，而是采用具体的形状表现对其理解和把握。

形态思考由来已久，西方最早的例证便是几何学。柏拉图曾将宇宙的形状想象成正五角形乃至正十二面体，还将土、水、火、风这四大元素与立方体、正二十面体、正四面体、正八面体相对应（图01）。16世纪末，德国天文学家约翰尼斯·开普勒（Johanns Ke-pler）运用几何学重新建立了水星、土星等六大行星的轨道。他认为行星轨道由五种正多面体组成，最外侧的土星轨道是一个大圆，这个大圆的球体内部存在一个内切的立方体，该内切立方体中还存在一个内切球体，木星的轨道则是该内切球体的大圆。这样以球体作为媒介，按照正四面体、正十二面体的顺序使用所有正多面体，正好可以得出六大行星的轨道（图02）。几何学中的黄金比例和单位矩形也常常见诸宗教建筑的立面（图03）和平面（图04）。图05为建筑师柯布西耶对建筑立面比例的推敲。

西方文化中万物的秩序，都是用几何学，或由几何学类推出来的理论（数学）进行解释的。也就是说秩序可以是一定几何形状、一串数字、一组公式，也可以是一种美的比例关系。几何学的思考就是"形态思考"，我们的前辈就是这样，利用具有形态的事物作为媒介，来理解自己生存的地球和宇宙，展开自己的思考。

01.五类正多面体　　02.开普勒的行星轨道(引自《神秘的宇宙》)　　03.希腊神庙的立面　　04.教堂平面
05.位于加尔什的别墅入口立面,勒·柯布西耶绘　　06.建筑生命周期　　07.气候对建筑的影响

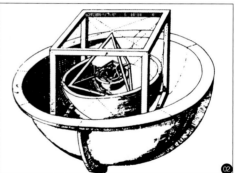

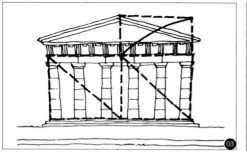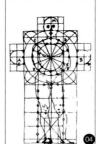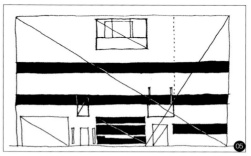

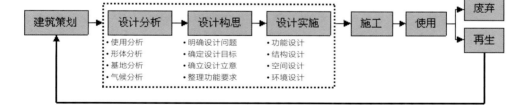

（二）建筑设计与形态思考

建筑设计也是一种对形态的思考，简单地说是将建筑问题形态化的过程。在设计的初期阶段，我们对建筑的各项要求和条件都不是很明确，在构筑形的体系、完成形的塑造的过程当中，逐步明确与建筑相关的功能、流线、结构、材料、人与环境等，以便解决各种问题。这样建筑的要求和条件就会逐渐变得清晰可见。通过把握形态来满足建筑的要求和条件，这个过程就是形态的思考。

形态可以是独立的基本形，如正方形、圆形，也可以是一组具有统一性和相互关联的组合形态。建筑设计是将各项要求和条件均作为形态来考虑，并思考它们之间的关系，这些要求和条件包括功能、结构、采光、通风、冷暖空调、造价，以及基地、周边环境等因素。

可以说，设计行为是创造一组形态体系的过程，通过形之间直观的关系，可将抽象的建筑要求和条件具象化、形态化、空间化。这样的形态体系是建筑设计所特有的，是其他艺术形式，譬如绘画、雕刻无法实现的。

二、建筑设计的一般过程

如果将建筑看成一个生命体，它的生命周期从诞生到拆除，以及废物再利用，需要经历数十年的时间和诸项繁杂的工作过程。图06为建筑的生命周期，建筑设计是建筑生命周期中短暂的一部分，一般包括设计分析、设计构思、方案实施三个阶段。

（一）设计分析

设计分析阶段旨在明确建筑的各项要求和条件。每个设计项目既要尽量满足业主或使用者的要求，又同时受到环境条件的影响。通过对设计要求、环境条件的综合分析，探讨他们之间的相互关系，将所涉及的问题整理在统一的构思下，最终为方案构思设定基本条件。

业主的设计要求往往是以任务书形式出现，其中包含对使用功能的要求。设计分析阶段进行使用分析，首先应明确每个功能空间的使用需求，例如卧室主要用于休息，应设计得封闭私密以保证安静，尺度应该适宜，采光不宜过强；客厅则用于起居，应设计得开敞通透，尺度应大一些，采光要好。此外，各功能房间的关系也应根据人的活动来安排，例如居住建筑中餐厅和厨房应方便通达，展览建筑中展厅和库房宜直接相连。

环境条件对设计有制约和启发的双重作用。如气候条件能启发多样的地域特色（图07），地形条件也可促成丰富的空间形态（图08），施工条件带来多样的结构类型。

在设计分析阶段应对环境条件进行综合分析（图09），气候条件是冷是热，风向如何；地形特征有无山地湖泊，以及周边建筑、道路交通状况；是否有历史、文化等人文方面的要求，任何环境条件的约束都可能成为方案设计的起点。

（二）设计构思

基于前一阶段对业主要求和环境条件的分析，建造房屋所面临的各项问题便得以明确，接下来的工作就是将这些结果整理并作出具体的建筑形态，该工作环节就是"设计"。

09.环境条件分析　　10.朗香教堂草图　　11.西格勒住宅区的构思草图　　12.常用本体符号　　13.相互关系符号
14.尺度的变化　　15.色调的变化　　16.数学语言符号

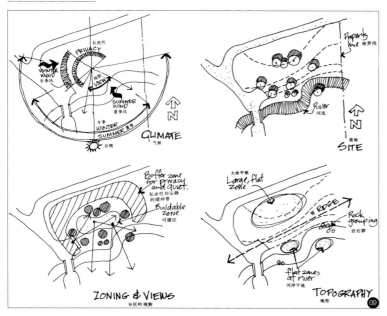

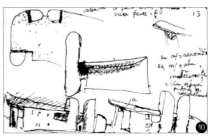

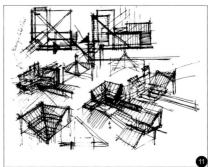

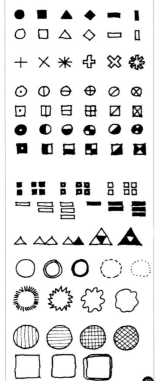

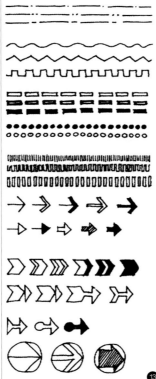

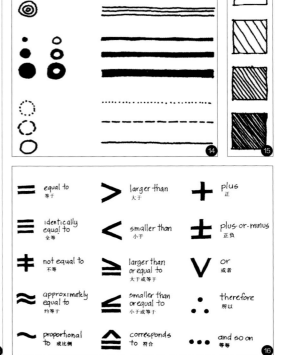

=	equal to 等于	> larger than 大于	+ plus 正
≡	identically equal to 全等	< smaller than 小于	± plus-or-minus 正负
≠	not equal to 不等	≧ larger than or equal to 大于或等于	V or 或者
≈	approximately equal to 约等于	≦ smaller than or equal to 小于或等于	∴ therefore 所以
~	proportional to 成比例	≙ corresponds to 符合	••• and so on 等等

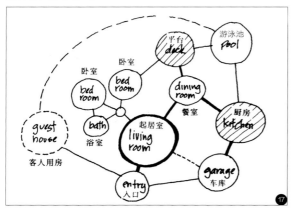

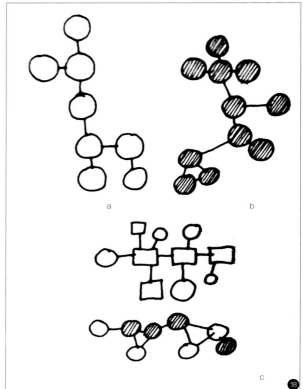

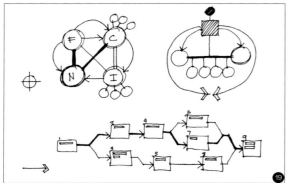

一般来说方案设计包括"设计构思"和"设计实施"两个阶段，"设计构思"可以理解为对建筑整体框架、形态、空间提出方案，而"设计实施"是对具体细部的逐步深化。

图10是朗香教堂的构思草图。在这幅洒脱的草图中，明确地表达了建筑师一瞬间的灵感和思考。从构思草图到实际建筑施工，一直贯彻着建筑师的这些意图。图11是西格勒住宅区的构思草图。下面针对设计构思，我们进行深层次地了解。

1. 构思的图形语言

建筑设计是一种形态的思考，每个阶段的设计进程均以某种图解形式记录下来。本书的第四章中详细介绍了设计成果阶段的绘图方法，然而设计构思阶段高度抽象的思维必须用更快捷的、较随意的，并且可能有多种解释的图形语言来表达。

文字语言与图形语言的主要区别既在于所用的符号，又在于符号的使用方式。文字语言符号在很大程度上受到词汇的限制，而图形语言符号则不同，它既包括文字还有图像、

标记和数字。另外文字语言是连续的，且有开端、发展和结尾，而图形语言则是同时的，可以直观地描述兼有同时性和复杂关联的问题。有明确意义的图形语言对建筑师思考和建筑师之间的交流都极其重要。

（1）词汇

与文字语言类似，图形语言的词汇大体上由名词、动词和修饰词（如形容词、副词和短语等）三部分构成，这里指的名词代表"本体"，动词代表本体之间的"相互关系"，修饰词描述"本体"及"相互关系"的性质和程度。

a. 本体

本体的符号类型众多，图12为常见的基本符号。同一张图中可以采用多种基本符号，也可在其基础上通过添加数字、文字或其他符号的方法，形成不同的本体群组和清晰、丰富的信息。

b. 相互关系

本体间的相互关系可以用多种线条表示，图13为常见的表示相互关系的基本符号，这些线条既可以用来表示本体间

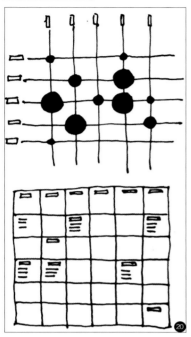

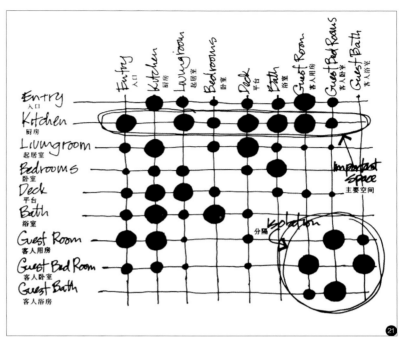

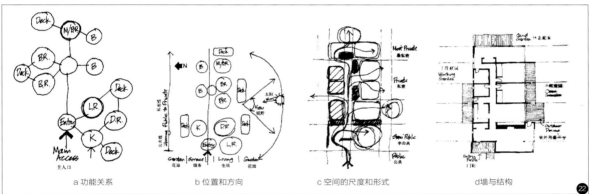

a 功能关系　　b 位置和方向　　c 空间的尺度和形式　　d 墙与结构

的两两关系，也可用于限定多个本体的类型。

添加箭头的线条可以指示本体之间的单向作用、顺序或者过程。重叠的箭头则可凸显重要性，显示依赖关系，或者理解附加信息的馈入。

c. 修饰

各个本体和相互关系的性质和程度可以通过修饰进而分级，不同等级可用线条的粗细、多重线条或者虚线表示（图14），明暗的强弱、图形的尺度、轮廓和细部也是常用的分级方式（图15）。

d. 其他词汇

图形语言也可借鉴日常或共识的既有符号，以便于快速地设计交流。这类符号大多具有普遍可识性，最常见的符号出自数学、工程学和制图学（图16）。

（2）语法

所谓语法，在建筑设计中，主要是对设计思维的图形化展现。

a. 气泡图

图17为某住宅设计在功能分析中使用的气泡图。本体

用圆圈表示，相互关系用直线或曲线表示，修饰则表现为线型的粗细、圆圈的大小以及表面的阴影，粗线表示重要的关系，大圆表示空间的大小，圆中阴影表示特殊空间。从该图至少可以解读出以下信息。

① 起居室为主要用房，面积较大，且与入口直接相连；
② 从起居室应该能方便地到达餐厅和卧室；
③ 餐厅一定要与厨房、平台等特殊空间相连；
④ 将来可能加建的客房要与入口联系方便，并且直通游泳池。

另外，气泡图还有其他的三种常用的作图方式（如图18）。首先是位置（图a），本体之间的位置采用网格表示，位置的左右及上下关系暗示设计师意图；其次是距离（图b），本体之间关系的主次和疏密用彼此间的距离来表示；最后是类型（图c），本体可依据色彩或形状等特征进行分组，形成组群。

值得注意的是，"人的大脑对信息处理的数量有局限性，最多可同时处理六至七个相互独立的信息，超过此数就会容易混淆和遗忘"，所以图形语言的语法不宜过于复杂，且要保持一致，才能让图形规律一目了然，交流信息清晰易懂。

b. 网络图

网络图多用于描述工作进度和项目安排，也可用来做建筑图形符号。网络图语法的基础是时间和顺序，通常时间的顺序是从左到右或从上到下，箭头可以更明确地表达顺序，如图19所示。

c. 矩阵图

矩阵图引入行和列，在行与列之间用图形符号表达元素间的关系，其优点在于图面整齐清晰。在设计构思阶段，可在矩阵图的正交轴线上排列出任务书要求的全部功能，分类表示出每一功能与其他功能间的相互关系（图20）。

图21为住宅功能分析中使用的矩阵图。图中包含了以下信息：对家庭人员和客人来说厨房与各用房的相互联系较密切。相反，卧室应相对独立且彼此隔离。对于较复杂的公共建筑，矩阵图不仅便于记忆，更可以帮助建筑师调整思路，激发空间组织的新概念。

2. 从构思到方案

建筑设计的每个阶段均有相对应的图形语言。从构思到具体的方案设计，草图的图形语言需要逐步转化为建筑工程图，即建筑的总平面图、各层平面图、立面图和剖面图。

图22为住宅设计从功能构思到平面图设计的图形演化过程，其中图a为住宅功能的构思草图，该图标示出了各功能本体之间相互的关系，以及它们的等级。图b在前一张图的基础上，开始考虑太阳、自然景观等环境信息，以及功能用房的位置关系。首先，确定住宅入口的位置，并将公共使用的房间布置在入口附近，私密的房间则要远离入口；然后将生活用房，例如起居室、餐厅、卧室，布置在朝阳处，对应的服务用房，例如厨房、杂物阳台、浴室，朝阴布置；最后确定花园与建筑的关系，后花园布置在服务用房一侧，前花园则布置在最南侧，为生活用房提供良好的景观视野。

图c反映出适应功能要求的空间尺度和形式，并综合考虑了人的流线以及走廊的宽度和距离。图d则确定围护结构的位置，以及搭建建筑的结构和构造。

设计是一个高度人性化、随机的思考过程，从同一张构思图演化出的设计方案也是多变的。正如住宅的功能与相互关系往往大同小异，而住宅方案则千差万别，甚至同一位建筑师在不同的时期的设计方案都可能大相径庭。

设计过程往往既让人兴奋又叫人苦恼。有时非常清晰，有时相当含糊，有时快捷、得心应手，有时迟滞、苦恼揪心，而这些也正是设计的魅力所在。

（三）设计实施

经过构思阶段多种设想的分析与比较后，设计便进入了实施完善阶段。需要确立合理的内部功能流线组织、结构构造、空间组织以及与内部相协调的建筑体量关系和总体布局。

设计的实施完善主要是对建筑平面、剖面、立面以及详图的推敲和深化。具体内容包括总平面中建筑体量，以及室外的出入口、道路、铺地、绿化、小品等环境设计；平面图中的功能尺寸、围护结构厚度、家具陈设等；剖面图中空间的组织、标高等；立面图中的墙面材质、门窗位置和虚实关系；详图中结构与构造形式等。

设计实施过程需要经过细部深化与方案调整的多次反复，并最终通过绘制图纸、制作模型、制作多媒体动画等方式，将设计成果充分地展现出来。

第七章
方案设计

一、功能设计

　　建筑功能是建筑艺术区别于其他艺术的首要特征，人在建筑中的活动行为所对应的使用要求即建筑功能。早期人类活动较为单一，挖窑、筑巢便能满足日常的衣、食、住、行。我国古代的合院建筑也几乎满足了人们所有需求，从日常的居住、办公、学习，到特殊的就诊、祭祀、朝拜几乎沿用同一种建筑模式。随着社会发展变迁，人类分工不断细化，人的活动日趋多样，建筑的功能日益复杂。本着以人为本的理念，建筑学中融入行为科学和心理学，使建筑功能分化更为细致。当代建筑既要满足使用者的活动方式、行为尺度等生理要求，还应考虑其风俗习惯、兴趣爱好等心理要求。

（一）功能与空间类型

　　建筑的基本用途就是为人类活动提供遮蔽所。根据人的活动属性产生了不同的功能需求，进而划分出不同的空间类型。空间类型的划分多种多样：按照使用频率有主次之分，形成了功能空间与辅助空间；按照使用者需求类型有内外之分，隔成了私密空间与公共空间；按照活动性质有动静之分，划分了动态空间与静态空间；按照活动时间有长短之分，产生了固定空间与可变空间。按照使用者需要有生理、心理之分，分成了行为空间与知觉空间……

1. 功能空间与辅助空间

　　功能空间即主要使用空间，辅助空间即次要服务空间。建筑功能组织应以主要功能为核心，次要功能的安排应有利于主要功能的使用。为了更好地满足使用者需求，需合理安排功能空间与辅助空间，使两者分区明确、联系方便。

　　屈灵顿犹太人更衣室（图01）在主要流线上依次排布了入口、中庭和休息室三项公共空间，在次要流线上对称设置了男女更衣室这两个私密空间，做到了动静分区，公私分离。此外还有意识地划分了"服侍空间"与"被服侍空间"：环更衣室布置储藏室、消毒室、卫生间等辅助用房。明确了房间的主从关系，确立了空间的等级秩序。

2. 公共空间与私密空间

　　公共空间因对外开放，具有外向的性格和开敞的特征；私密空间仅供内部人员使用，具有极强的内向性和封闭性。就空间感知而言，公共空间呈现出流动、通透的效果，可提供开阔的视野；私密空间则趋向于静止、凝滞的特征，以杜绝外界的干扰。

　　在张永和设计的山语间中（图02），从入口到室内，随着地面高度的层层上升，空间性质逐渐由公共开放转向私密封闭。从第一个层面的起居室，到第二个层面的餐厅，再到第三个层面的卧室，空间的私密性不断升级，实现了从公共空间到私密空间的自然过渡。

3. 动态空间与静态空间

　　动态空间具有空间的开敞性和视觉的导向性，空间分隔灵活多变；相对而言，静态空间形式稳定，形态单一，空间限定十分严谨。在空间布局上，动态空间通常靠近入口和交通枢纽，静态空间则分布于较为私密和隐蔽的位置。

　　在密斯设计的吐根哈特别墅中（图03），静态的居住空间集中布于房屋后侧，围以厚重实墙，以保证其私密性。动态的起居空间则散布于房屋前沿，通过大面积的落地窗和自由分隔的墙体实现空间的流动性与开放性。

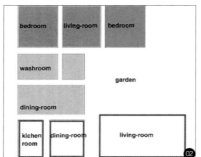
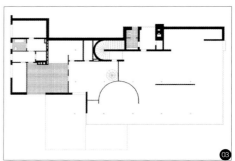

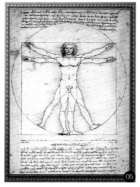
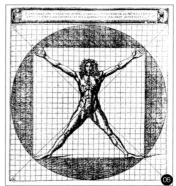

4. 固定空间与可变空间

固定空间是指使用要求不变，功能明确、位置固定的空间；可变空间则与之相反，为了适应不同使用功能而改变其空间形式，常采用自由多变的分隔方式，如折叠门、可开合隔断等。

由诺曼·福斯特（Norman Foster）设计的塞恩斯伯里视觉艺术中心大学教学楼展厅（图04）便采用可插入、移动、变化的轻质隔墙赋予空间丰富多彩的形式和自由灵动的性格，也体现了设计师的人文情怀。

5. 行为空间与知觉空间

行为空间与知觉空间是从人体工程学角度对空间的分类。行为空间又称为生理空间，是根据人体的动态尺寸和行为活动的范围限定的空间；知觉空间也称为心理空间，是满足人的心理需求所需要的空间，如适宜高度、亲切尺度等。

（二）功能与人体尺寸

人体工程学在功能设计中的作用，主要体现在为功能空间范围提供依据。影响功能空间范围最主要的因素是人，在确定空间范围时，首先要确定一个空间中的使用人数，每个人所需的活动面积，需要哪些家具设备以及家具设备需要占用的面积。

1. 人体尺寸

用皮尺量一量自己的身体，你会发现拳头的周长与脚底长度十分接近，所以买袜子时，只要把袜底在自己的拳头上绕一下就知道是否合适；为你的父母或兄长量一量身高，你会发现身高约是脚长的7倍，也是头长的8倍或7.5倍。在正常情况下，人手腕的周长恰恰是脖子周长的一半；大腿正面厚度和脸宽差不多；两臂平伸的长度正好等于身高；而且大多数人肩膀最宽处等于身高的1/4。

人体自身的尺寸存在许多的奥秘，已知最古老的人体尺寸比例标准（约公元前3000年）是在埃及古城孟菲斯的金字塔的一个墓穴中发现的。罗马建筑工程师维特鲁威在其著作《建筑十书》中总结出了人体结构的比例规律（图05），并谈到了把人体的比例应用到建筑的丈量上。文艺复兴时期《建筑十书》的重要性被重新发现，达·芬奇根据维特鲁威的人形标准，创作了一幅人体比例素描（图06）。问世以来，一直被视为达·芬奇最著名的代表作之一，收藏于意大利威尼斯学院。人们看重这幅画的对称与谐调，它的基本构图被视为现代流行文化的符号和装饰，广泛应用于各种招贴画、

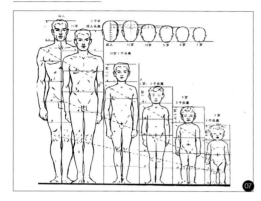
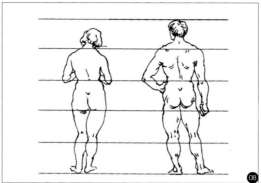

鼠标垫和T恤衫。

人体尺寸是人体工程学研究的基础之一，与功能设计密切相关的人体尺寸包括两类，即人体构造尺寸和人体功能尺寸。

（1）人体构造尺寸

人体构造尺寸是指静态的人体尺寸，它是人体处于固定的标准状态下测量的，如手臂长度、腿长度、座高等。由于很多复杂因素都在影响着人体的构造尺寸，所以个人与个人之间，群体与群体之间，在人体尺寸上存在很多差异，主要表现在以下四个方面。

地域种族差异：不同的地域，不同的种族，因地理环境、生活习惯、遗传特质的不同，人体尺寸的差异是十分明显的，从越南人的160.5厘米到比利时人的179.9厘米，高差幅竟达19.4厘米。

年龄差异：体形随着年龄变化最为明显的时期是青少年期。人体尺寸的增长过程，妇女在十八岁结束，男子在二十岁结束，男子到三十岁才最终停止生长此后，人体尺寸随年龄的增加而缩减，而体重、宽度及围长的尺寸却随年龄的增长而增加（图07）。

性别差异：男女身体尺寸的明显差别从10岁开始，我国按中等人体地区调查平均身高，成年男子身高为1.67m，成年女子为1.56m。而且妇女与身高相同的男子相比，身体比例也是不同的（图08）。

健康状况：残障人士尺度与普通成年人差异较大（图09），关于残疾人士的设计问题有一专门的学科进行研究，称为无障碍设计，在国外已经形成相当系统的体系，包括无障碍交通、无障碍家具设计等（图10）。

（2）人体功能尺寸

人体功能尺寸是指动态的人体尺寸，是人在进行某种功能活动时肢体所能达到的空间范围，又称为人体动作域。一般来说人体活动的姿态和动作是无法计数的，但在设计中了解人体的主要的基本的动作，就可以作为设计的依据，解决许多带有空间范围、位置的问题（图11）。

2. 功能设计

人体尺寸为各种建筑构件、家具和手动工具等提供数据。然而人体尺度在个体间存在巨大差异，从总体上来看，又是在一定范围内变化的。图12显示了美国男子身高"百分位"尺度，5%的男子身高在1.63米以下，即95%的人长得更高一些；10%的人身高低于1.655米；68%的人低于1.78米；90%的人低于1.829米。

通常来说5%、50%、95%所对应的人体尺度在设计中的应用较为常见，特别是50%应用广泛，它代表了人体尺度的平均值。然而平均值在并不被普遍适用。例如以平均身高尺寸来确定门的净高，这样设计的门会使50%的人有碰头的危险；同时以此为依据设计的椅子会有50%的人踩不到地面，这样的座位久坐会导致双腿麻木。

因此在进行功能设计时，人体尺寸的选用应以安全为前提，在不涉及安全问题的情况下以"能容下的空间，触及的距离"为原则，采用对大多数人适宜的尺寸（图13）。具体来讲可以按照三种方式应用"百分位"尺度。

① 以95百分位的数值为依据考虑建筑空间尺度，诸如门、通道、床等的尺寸。能满足大个的需要，小个子自然没问题。

② 以第5百分位的数值为依据考虑够得着的距离，诸如臂长、腿长决定的座椅平面高度，手所能触及的范围决定的门把手高度等，小个子能触及，大个子自然没问题。

③ 特殊情况下，如果以第5百分位或第95百分位为限值，会造成界限以外的人员使用时不仅不舒适，而且有损

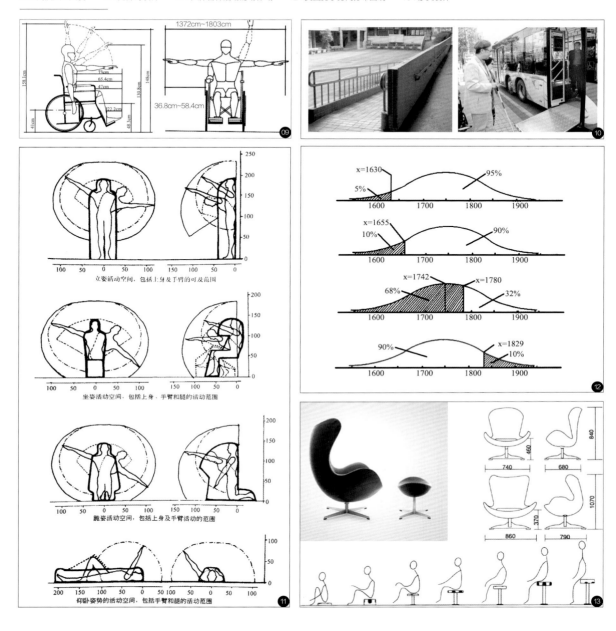

健康和造成危险，尺寸界限应扩大至第1百分位和第99百分位。如紧急出口的直径应以99百分位为准，栏杆间距应以第1百分位为准。

④ 目的不在于确定界限，而在于决定最佳范围时，应以第50百分位为依据，这适用于门铃、插座和电灯开关。

人体尺度既是功能设计的依据，更是建筑尺度的基本参照。根据人体尺寸设计的建筑构件，是建筑中相对不变的因素，可以作为衡量建筑尺度的参照物，使人们观察该建筑时很容易把整体的尺度大小。当我们熟悉了尺度的原理后，可以进一步指导建筑设计，使建筑物呈现出我们预期的视觉感受。

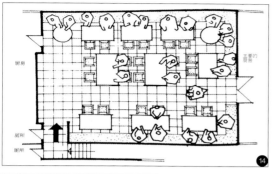

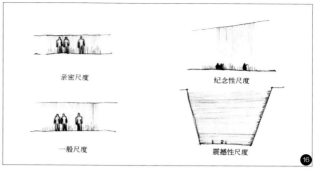

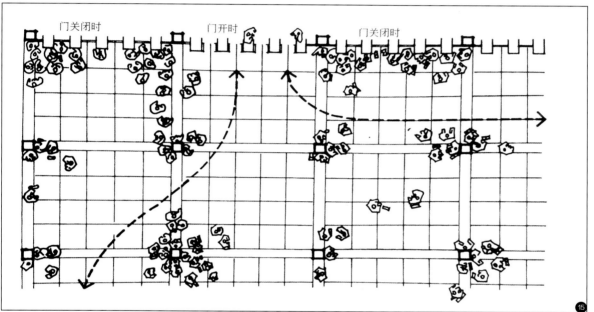

（三）功能与环境心理学

环境心理学是研究环境与人体行为相互关系的学科，着重探讨物质环境对人类行为的影响，以及如何设计最有利于我们生活的环境。为室内功能划分和空间组织提供心理学上的依据。

1. 个人空间

心理学家萨默指出，每个人的身体周围都存在着一个不可见的空间范围，随着身体移动，任何人对这个范围的侵犯与干扰都会引起人的焦虑和不安。这个不可见的空间范围就是个人空间，它具有四个方面的作用。

① 舒服：在集体宿舍中，先进入宿舍的人，总是愿意挑选远离门的床铺，因为这个区域较完整且较少受到干扰。当你在餐厅就餐时，一般都不会愿意选择入口处或者人流频繁过往的座位，领域不完整的个人空间会产生紧张等不舒服的感觉（图14）。

② 保护：生活空间并不是越大越空旷越好，人们通常在大型空间中更愿意有所"依托"。例如在火车站的候车大厅中，人们更愿意待在柱子附近，此时柱子所限定的个人空间是对自身的一种心理保护，更有安全感（图15）。

③ 交流：声音、面孔、身体、气味等信息可以通过听觉、视觉和嗅觉来感知。一般个体的听觉在7米以内就可进行一般交谈，30米以内可以听清楚讲演，超过35米便很难听清楚语言。为保证语言交流，接待室需要考虑人的听觉距离。

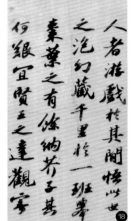

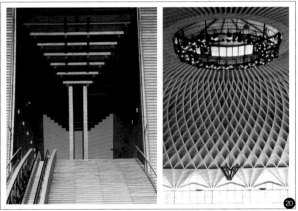

2. 人际距离

人际交往需要保持相应的心理距离。例如人的亲密距离为0~0.45m，适宜表达温柔、爱抚、激愤等强烈感情；亲近朋友谈话距离为0.45~1.3m，这也是家庭餐桌的距离范围；邻居、同事间的交谈距离为1.3~3.75m，依此标准可以设计洽谈室、会客室、客厅等；在接待室或大型会议室进行的集会、演讲等公共交流，其人与人之间的距离应大于3.75m。

对于一般个体的嗅觉而言，1米以内可以嗅到衣服和头发散发的气味；而要淡化香水或别的较浓的气味需要2~3米；更浓烈的气味则需要保持3米以外的距离。因此在设计交往空间时，家具布置要适当留有距离，避免尴尬。

3. 特殊尺度

有一些建筑空间的尺度主要是由人们对精神方面的要求决定的。对于这些特殊类型的建筑，人们不惜付出高昂的代价，追求一种强烈的艺术感染力。许多著名的建筑大师充分运用尺度的原理和概念，设计了众多多雄伟粗犷、庄严肃穆的建筑作品，使人们的心理受到了极大的震撼（如金字塔、庙宇、教堂、宫殿等）。

尺度是建筑的一个重要特性，它能对人们的心理产生重要的影响，从而影响建筑的艺术表现。因此，处理好建筑的尺度，使之符合人们的心理需求，从而表现出建筑的艺术，这对于一个建筑师来说是非常重要的（图16）。

二、结构设计

如果将建筑类比为有活力的生命体，建筑的结构则有如生命体的骨骼，而构造就如同其皮下组织。建筑的功能、空间等内容，都依赖于它的骨骼——结构来承托。结构的意义之于建筑，如同生长的意义之于生命体一般重要，没有结构的可靠安全，就没有功能，也就没有空间。

（一）结构与形式

只要我们还在地球上建造，重力的规律、材料的性能等自然法则就是我们无法摆脱的现实。结构设计是建筑师应用材料并将其构筑成建筑整体的创作过程，结构是建筑的语法，结构规律是建筑形式必须遵守的依据。正如诗歌有着比普通语言更严格的格律要求；音乐是传达感情的声音、旋律。建筑中结构规律恰如诗歌的格律、音乐的和弦，它是人类对自然的提炼和再创造。熟练驾驭结构规律，选择最正确、精确的结构才能实现最美的建筑形式。

1. 结构之美

结构是美的。结构有着自身的视觉表现力，这一点很早就被艺术家所关注。中国传统艺术精华之一的书法，是一种纯粹的线条艺术，代表着中国文化与众不同的艺术个性。而有趣的是，书法中将汉字的形式结构称为"间架结构"，也就是说汉字的笔画就像是建筑的梁柱，需要合理而富于美感的处理（图17、18）。

从宏观上看，结构既是一种技术也是艺术，结构之美反映在建筑形式的合理性，是一种科学的理性之美。美国著名建筑学家查理·巴克敏斯特·富勒（Richard Buckminster Fuller）说："合理的形式就是美的"。结构所遵从的最基本的原则就是力学法则，符合力学原理和自然规律的建筑形式才是合理的，才可能是美的。

另一方面，尽管力的作用是客观规律，结构的类型、材料可以使用科学的方法加以分析和计算，但力的感觉却是一种心理规律。巨大尺度的结构会让人震撼，倾斜的结构会让人感觉不稳定，这些感觉也许与实际并不相符，但会影响到人们对建筑形态的心理感受（图19）。因此建筑师处理结构的时候，不仅要考虑其力学的合理性，还要考虑它对使用者的心理影响。

在中观上，结构之美在于结构构件自身的形式美。事实上，在满足科学原理的基础上，留有广阔的创造天地，建筑结构的形式也可以是多样的。例如日本建筑大师安藤忠雄设计的塞维利亚世界博览会日本馆，其中央采用巨大的斗拱作为承重结构，其结构的规律、尺度、和搭接既具有立体构成的形式美感，又具有震撼的形式表现力，与此同时，斗拱的元素隐喻了日本的传统建筑，唤起游人的文化认同感（图20）。

在微观上结构之美表现为细部节点处理的工艺美。建筑是泥瓦砖石的实际建造活动，建筑师有时就像是匠人，通过灵巧的手指塑造出精美的工艺品，精湛的技艺与智慧就是工艺的美感。传统手工制作的建筑，从石木材料的切割加工、一砖一瓦的铸模和烧制，到建筑成型后的雕梁画栋无不考验匠人的智慧和艺趣。尽管当代建筑早已进步到工业化生产，大量建筑构件还是要在现场组装完成，还有许多的工艺必须在施工现场浇制进行，建筑的每个细节处理都流露出了建筑师手工打造般的痕迹。就像汽车，尽管是流水线上制作出的工业产品，但车上每一道转折、每一条曲线都是设计师纯熟的技艺表达（图21）。

当代社会对于美的需求趋于多元化，人们不仅仅喜欢简洁的、纯粹的、合理的事物，也喜欢复杂的、混乱的、越轨的玩意。在强大的技术支持下，建筑美的范畴变得空前广泛，均衡可以是美的也可能变成刻板，失衡可以是不美的也可能更具动感，一切从前被认为美或不美的标准在今天都可以被重新诠释，甚至被颠覆。从这个意义上讲，美的意义仍然存在，但评价准则应放诸时代和社会的尺度，把美留给时间去"筛选"。

2. 结构造型

结构不仅从技术上支撑着整个建筑，而且是建筑艺术的组成部分。结构造型是建筑师应用材料并将其构筑成整体的创作过程，其宗旨在于将结构之美融入建筑形式美之中。

（1）结构造型原则

结构造型的重要原则就是把握力与形的关系。卡拉特拉瓦（Santiago Calatrava）认为"形是力的图解"，很好地诠释了力与形的内在联系。也就是说，结构处理应该与建

筑的形式规律相呼应，而建筑形式也应反映出结构中的压力、拉力、剪切、弯矩、扭矩等受力的特性。这里的力既可以是客观的物理力，也包含力的主观感受。在力的作用、力的感受的逻辑下进行形态创造，这是结构造型最基本的原则（图22）。

（2）结构造型规律

建筑的形式美法则同样适用于结构造型。传统力学中追求简单明确的表达方式，古典艺术中同样追求简洁纯粹的形式，例如对称、均衡、节奏、韵律（图23）；当代科学认为事物具有随机性和偶然性，不对称的系统也可能在各方向的运动中达到协调。当代艺术也通过复杂、隐晦的规律追求着扭曲的、动态的视觉效果（图24）；另一方面自然界中各种复杂的结构组织，对应于有机的自然形态（图25）。事实上追求艺术表达与结构内在的一致性，正是结构造型的形式规律。

（3）结构造型元素

结构既包含安全性的技术元素，也有美观性的艺术元素。因此结构造型与艺术构成有很多相似之处，很多构成的原理和方法都可以借鉴到结构造型的设计中。

在平面构成和立体构成中点、线、面是其基本的构成元素。其中"点"可以提示关键部位，成为视觉中心，也可以烘托气氛。结构造型中使用最多的就是节点，它是连接建筑构件的关键，也是建筑细部的组成部分。很多时候结构节点

是否精致合理决定了建筑形象是否经久耐看（图26）。

"线"是一维的构成元素，在结构中可以很好地对应于各种受力杆件。结构造型应首先考虑线的属性，线具有方向性和运动性，无论是直线、曲线、斜线、折线都具有自己的性格。另一方面，结合考虑杆件自身的受力特点，根据杆件受到压、拉、剪、弯、扭的作用设计出相应的形态。一般来说，受压杆粗壮，受拉杆纤细。也可以将若干杆件组合起来协同受力，设计成一组形态。将线的形态与力结合起来，才能最大限度地表现力量和动势（图27）。

由一组线展开成一个"面"，面有长度、宽度，但没有深度，具有稳定性和延展性。面在视觉上也具有方向感和运动感，多个面组合起来可以形成围合感。结构造型中按照线和面的构成原则，可以利用受力结构围合空间、划分空间，或者表现一些特别的延伸感和动势（图28）。

此外，材料和结构类型也是结构造型可利用的元素。无论是混凝土、砖、石、钢、玻璃，还是竹、木、纤维材料，每一种材料都有其自身的形态特征与受力特性。例如砖石都具有较好的抗压性能，适用于梁柱结构和拱券结构中，形成沉稳的建筑造型；钢材具有一定的抗压能力和良好的抗拉特点，适用于悬索结构或膜结构中，体现出轻盈的建筑形态。通过掌握各种材料的属性，在恰当的地方采用恰当的材料和结构类型，才能做出专业的建筑处理（图29）。

（二）结构类型

结构类型按照受力方向可分为直线型结构和曲线形结构两大类。

1. 直线型结构

直线型结构是一种平面结构类型，也就是受力方向都沿着同一平面的维度传递。平面结构可以分解成独立的结构单元，它们彼此之间不传递荷载，只是需要防止倾覆的连接构件，以增强结构的稳定性。

直线型结构包括框架结构、桁架结构、拉索结构等。从形态上讲，直线型结构都是直线形的。而从力学上讲，其共同点在于受力方向都在一个平面范围内。

（1）框架结构

框架结构中的墙体、人的活动以及各种设施的重量都由楼板来承托，楼板把荷载传递给梁，梁传递给柱，柱再传递给基础。楼板和梁均为水平受力构件，柱为竖直受力构件，框架就是横平竖直的矩形受力体系。在平面几何中四边形是不稳定的，为解决这个问题，框架的水平向稳定性主要由楼板提供，而竖向稳定性则依靠三角形斜撑，刚性接头或剪力墙来实现。因此一个稳定的框架结构一般包括梁、柱、板、墙或斜撑，这些构件的共同作用保证了建筑的平衡与稳定（图30）。

框架结构是直线型结构中应用最广泛的一种，我们的城市和生活环境中常见的方盒子建筑，就是由框架结构支撑的。尽管很多人觉得方盒子很乏味，但是施工的简单和技术的成熟决定了框架结构对于建筑中的应用是其他结构无法替代的。

事实上，同样是方盒子，通过调整梁、柱、墙的截面形式、比例、材料、数量和排列方式，看似枯燥的框架结构也能展现出丰富的艺术表现力。例如可以把粗壮的柱子截面设计成"十"字形，利用竖直方向的线条使其视觉上不那么笨拙（图31）；或者像路易斯·康（Louis Isador Kahn）一样把柱子和墙当成构成中的线和面，构成一定的节奏和韵律（图32）；也可以将楼板加厚或者采用井字梁，从而降低梁的截面高度，使梁结构更加轻盈（图33）。

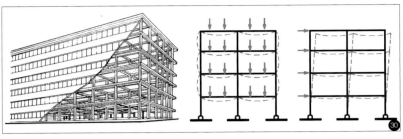

　　另外柱子和梁不一定要横平竖直，适当的倾斜可以使界面产生变化，空间产生趣味（图34）。当建筑师精心的处理梁、柱、墙的相互关系时，结构就变成建筑造型的有力手段。

　　框架结构的受力是比较明确的，但力的感受却是复杂且富于变化的。例如当梁与柱尺度相当时，形式感比较纯粹；梁比柱大的时候，有种举重若轻的感觉。以密斯的作品为例，伊利诺理工学院建筑馆突出纵向线条、梁也夸大，显得厚重、结实。而巴塞罗那馆则将厚板取代了梁，柱子也隐藏到暗处，只有轻盈的屋面水平伸展，显得轻灵通透（图35）。同类结构的不同处理造成截然不同的心理感受，也形成了迥异的建筑美。

　　（2）桁（héng）架结构

　　可以说桁架是框架结构的一个合理的变形。根据框架结构受力原理，当梁跨度较大的时候，其截面高度将大到荒谬的程度，例如24m的跨度就需要2m高的梁，这种尺度的构件无疑会过于笨重。因此人们应用杆件组合起来的空心结构代替梁，这样在满足相同截面高度的条件下，桁架比实心梁轻巧许多。另一方面，桁架的基本构成单元为三角形，比较稳定；各杆件可以采用铰接的方式连接，可以避免弯矩的作用，同时剪力也可以转变为桁架的内力；桁架内的杆件只受拉力和压力的作用，受力明确，便于设计和计算（图36）。

　　从艺术表现上看，桁架具有类似于梁的形态变化。多品桁架正交布置可以形成井字型桁架梁。加大桁架密度，可以减小各品桁架的间距和截面高度，形成密肋型桁架。也可以

采用倾斜的桁架，产生更强的视觉冲击力。

　　除此之外，桁架还有很多独有的形式变化。其立面形式可以是三角形、矩形、梯形或者圆拱，也可以是任意曲线形，甚至是边缘比较自由的形式，但必须满足的是基本构成单元为三角形（图37）；其受拉杆件可以适当细一些，受压部分适当加粗，以免杆件失稳；桁架也可以做成立体的形式，倒三角桁架的横截面即为三角形，其受压的上弦部分为两根杆件，受拉的下弦部分为一根杆件（图38）；立体的桁架中杆件的长细比较小，在抗压的情况下减小了结构失稳的危险，因而也可替代柱子作为竖向受力构件。

　　诺曼·福斯特的设计，灵活的室内大空间得益于尺度巨大的结构体系。梁和柱都采用通透的倒三角桁架，使得建筑不显笨重。将梁和柱设计成同一尺度，建筑形式更加纯粹简洁（图39）。

2. 曲线型结构

　　曲线型结构也是一种平面结构类型，它最大的特点就是整体形态是曲线形的，这种曲线造型不仅仅是外在的形态变化，还对构件的受力产生影响。曲线型结构包括拱结构、悬索结构和空间结构等，每种类型都有不同的受力特性，以及对应的形态规律。

　　（1）拱结构

　　人类运用拱的历史由来已久，古罗马人最早开始使用砖石拱，并创造了无数伟大的建筑和构筑物，可以说，拱是罗马建筑的重要特征。中国人也学会了使用拱，建于隋代的赵

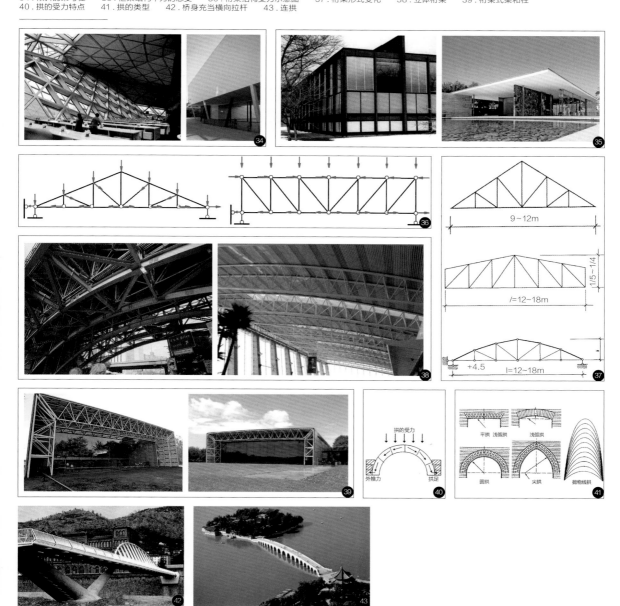

州桥是当时跨度最大的石拱桥,"长虹卧波"正是人们对于当时拱桥优美姿态的赞美。

　　拱是一种充满力量的结构形式,这与它的受力特点息息相关。以砖石拱为例,拱结构中石块与石块之间因为重力而互相挤压,产生的压力沿着拱的切线方向,从一块石头传递给另一块,最终把压力传递到基础部分。与此同时,石块间的压力又产生摩擦力,阻止了石块的掉落。因此拱结构即使采用很大的跨度,也不会如同梁那样出现断裂。除了砖石拱,我们现在更多的是使用混凝土拱,混凝土有很好的可塑性,可以较好地浇筑成拱形,但它的自重较大,施工速度较慢。钢拱在尺度较大的时候经常做成桁架的形式,有利于钢材的稳定(图40、41)。

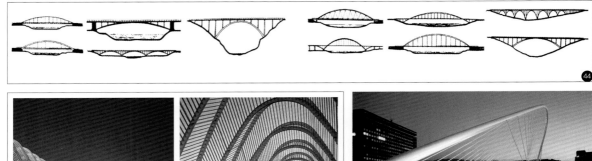

另一方面，拱的切向内力传递给基础部分，常常会造成基础部分承受较大的侧向推力。为了解决这一问题，可以将基础部分做得更加敦实有力；也可以设置水平向的拉杆，例如在桥梁这样的大跨度构筑物中，横向的桥身起到拉杆的作用，在一定程度上平衡了拱的侧压力；或者采用连拱，让拱与拱之间相互的侧向力得到平衡，又或者根据基础不同的承载力改变拱曲线的形状，一般来说圆拱、尖拱对基础的力主要是压力，侧向推力较小，而平拱产生的侧压力较大。连续的力的传递，拱就像是一把拉满的弓，有着强烈的弹性和张力感（图42、43）。

拱在桥梁中的应用较为普遍，形态也十分丰富。可设置于桥面之上、下或是中央（图44）；拱的曲线变化，加上支杆、拉杆组成不同的节奏，构建出许多优美的造型。圣地亚哥·卡拉特拉瓦是一位伟大的结构艺术家，他设计的桥梁极富韵律感和张力，是力与美的完美结合，堪称桥梁中的典范之作（图45、46）。

拱也可以作为建筑的主体支撑结构。例如雅典奥运会主场馆，采用巨大的拱结构，在旧场馆上方加建一个巨型屋顶，将原空间大大地扩展（图47）。

卡拉特拉瓦设计的沃勒恩高中根据不同空间的使用性质，使用了四种截然不同的构造体系，并根据其内在的结构与美学特性对相应的材料进行深入发掘和充分利用，拱形结构的美学特性也通过高标准的制作工艺得以展现（图48）。

葡萄牙里斯本东方车站是一个集高速火车、普通客车、公共汽车、地下停车场以及城市轻轨线为一体的大型交通枢纽。该设计采用拱桥的形式，将城市交通设置在桥下方，而桥面采用小型尖拱，限定出火车站台和列车轨道。悉尼歌剧院同样采用拱结构，以增加建筑的抗压能力和稳定性。（图49、50）。

（2）悬索结构

和拱结构一样，悬索结构也是一种古老的结构形式。索有强度但没有刚度，它在重力作用下自然悬垂，内力沿悬索切线方向向外拉伸，自然产生了近乎抛物线的曲线形式。悬索结构很好地发挥了材料的力学性能，不仅是一种高效的结构形式，而且具有很强的张力和表现力。

悬索结构广泛应用于大型桥梁建设中，即悬索桥。悬索桥主要由主索、拉索、桅杆和平衡索构成。主索即悬索线，是悬索桥的核心；拉索数量诸多，均匀的连接主索和桥面；桅杆用来承托从主索传递的重力；平衡索则是用来抵消悬索带给桅杆的水平力。悬索桥极富韵律感与张力性，其结构本身构成了一种完美的形式（图51）。

在民用建筑中，悬索结构通常应用于大尺度建筑的屋顶建造中。德国汉诺威世博会26号展厅采用特殊的悬挂式屋面形态，宽敞的室内空间没有任何脚手架或者柱子，展示区的布置显得更加灵活。悬挂结构的断面形状为自然通风提供了必要的高度，保证了热量上升的构造效果得以充分发挥。自然光也被弧形顶棚漫反射后变得更加柔和动人。得益于结构的巧妙处理，该建筑得以充分的体现"人-自然-技术"这一主题（图52）。

47.雅典奥运会主场馆　　48.悉尼歌剧院　　49.东方车站　　50.悉尼歌剧院　　51.明石海峡大桥　　52.汉诺威26号展厅　　53.玻璃金字塔

3. 空间结构

所谓空间结构是指结构中力的传递沿三维空间展开。与平面结构相比较，空间结构中各个微观受力面紧密相依，使得构件在各个向度上协同工作，效率更高，便于做出更大的跨度和更薄的断面。

（1）网架结构

网架也称为空间桁架，与桁架的线性维度不同，网架是沿各个方向连续展开的三角形构架，整体形成一个面域。网架结构具有很多技术上的优点，如自重轻、安全储备高、形状灵活、节省空间等。

网架结构分为交叉桁架体系和角锥体系两类。交叉桁架体系利用力在两个水平维度的传递承托来自纵向维度的荷载。角锥体系直接由三角形角锥单元组合而成，与交叉桁架不同，其上、下弦是错开分布的。

玻璃金字塔使用了一套弦支的网架体系，下弦用索承托上弦和腹杆。索十分纤细，掩蔽了下弦的视觉层次，只保留上弦的视觉形象，形成干净纯粹的表皮纹理（图53）。

网架有很多的形式变化，在美国空军小教堂中，把网架做成折板样式。在折面转折处附玻璃，夜晚亮灯之际，灯光璀璨，晶莹剔透（图54）。

（2）网壳结构

网壳结构可视为网架与壳体的结合，网壳可以像网架一样由上弦、下弦、腹杆组成，此种类型称为双层网壳。此外，由于网壳可以拱起一个矢高，形成推力结构，可以做成单层网壳。

网壳的原型可以视为鸟巢，北京奥林匹克运动会主体育场再现了网壳概念的回归。在马鞍形外轮廓的笼罩下，内部网架呈随意编织的形态。在符合结构原理的同时创造了别开生面的建筑造型（图55）。

（3）膜结构

与网壳结构不同，膜结构是拉力网络的结构体系。通常采用轻质材料，其本身的结构形式与受力状态保持高度的一致，是一种很有潜力的新型结构。其选材为高分子膜材料，其连接方法为热焊方式，制作过程简单有趣。膜结构具有跨度大、自重轻的特点，造型极富张力感，其形式丰富多彩：包括伞式结构、充气膜结构、蒙皮膜结构等。

慕尼黑奥林匹克体育场顶棚设计为半透明的帐篷形状，呈圆锥形，由网索钢缆组成，每一网格为75厘米×75厘米，网索屋顶镶嵌浅灰棕色丙烯塑料玻璃，用氟丁橡胶将玻璃卡在铝框中，使覆盖部分内光线充足且柔和，把球场、看台、进场路线以及整个奥林匹克公园联系在一起（图56）。

三、空间设计

关于空间的形成，芦原义信曾做过一段经典的描述："空间基本上是由一个物体同感觉它的人之间产生的相互关系所形成的。这一相互关系主要是根据视觉确定的，但作为建筑空间考虑时，则与嗅觉、听觉、触觉也都有关……即使是同一空间，下雨时和天气晴朗时，给人的印象完全不同，这是无论谁都有体验过的。而且，人多时与独自一人时气氛完全不同。"他简明清晰地阐述了人在品味空间时那种细微而丰富的感官体验。

地有南北，心无二致。生活中的我们也经历过类似的空间体验：用心去看，老北京四合院儿凝聚的静穆、江南园林飞动的隽秀是两道悬殊的景；侧耳倾听，胡同上空回荡的鸽哨余响、芭蕉院里流淌的细雨缠绵是两重迥异的曲；闭目凝息，门前老槐飘散的清芬、园中荷塘沉积的芳泽是两段别样的香……不同的地域水土拥有不同的空间风貌，渗透到我们的感官系统获得不同的内心体验。空间设计是一门细腻深厚、饶有趣味的学问，需要耐心细致地品味领悟，以下分别从单一空间、多元空间两方面进行解读。

（一）单一空间设计

单一空间是构成建筑的最基本单元，也是学习空间设计的起点。单一空间具有单纯与完美的特性，其设计从空间的形、质、量三方面的考虑。

1. 空间的形

所谓空间的"形"指空间的形式处理。建筑空间由地板、墙壁、天花板限定而成。这三类围护构件的视觉要素（形状、色彩、尺寸、质感、方位）（详见本书第二章第二节"形态构成——形的视觉要素"）影响着空间的直观体验，它们的装饰处理带给人全新的视觉感受，此处以两组壁画阐释说明。

由米开朗基罗创作的西斯廷教堂天顶壁画《创世纪》（图57）以磅礴的气势、恢宏的场面震撼人心。在巨大拱形

天顶的笼罩下，层层铺叠的人物形象将观者视线引向上空，令人感叹上帝造物神奇的同时惊羡画师华美精湛的技法。

位于敦煌莫高窟第103窟的《维摩诘经变》（图58）相传为吴道子所作，画中维摩诘安详自信，舒散自如，精神高超，意象旷远。呈现一种从容不迫的情态。线条、色彩、形象无一不飞动奔放，挥毫出鲜活生动的气韵。

2. 空间的质

所谓空间的"质"包括与空间使用性质相对应的空间属性品质以及受空间环境质量影响（声、光、热）而产生的视觉与心理变化。

空间的性质有公共私密之分，相应的空间属性有通透、开敞、流动和围合、封闭、安静的差别。开敞通透莫过于亭，会稽山的兰亭（图59）地处清幽，是风雅集会的胜地。名流高士咸集于此，游目骋怀，极视听之娱；随清流激湍，引流觞曲水。一觞一咏，畅叙幽情，俯仰天地，谈玄论道，放浪形骸，不屑事功。竭干古思辨，尽一世风流。

封闭围合的实例一般多见于西方古典建筑，特别是教堂（图60），皆诸四壁，密闭严实，以高耸封闭的内部空间震慑于人。

与这两类建筑相比，更多建筑采用半围合、半通透的形式介于动静开合之间。

在我国传统建筑中除园林外，建筑多选用一面开窗，三面围墙的形式，在取得空间围透平衡的同时，协调室内物理环境。细细推敲，传统建筑从基地选址、空间布局到单体设计、细部处理，都经过深思熟虑的考证，形成一套完备详实的理论，以提升建筑空间的环境质量。

先谈基地选址，传统建筑综合朝向、地形、气候、水土等诸多要素，优先选取"山南水北"的地理环境（图61），从而获取南向充足的日照。冬日严寒，隆起的山坡可抵挡凛冽的北风，夏日炎炎，水面上吹来的南风为房屋送来阵阵清凉。房屋依山而建，利于建筑排水，居民临水而居，方便获取水源。山水之间随地势起伏加速了气流循环，改善了居住小气候。

再看空间布局，层层递进的院落营造了"庭院深深"的幽宁氛围（图62），提供了安静舒适的居住环境。庭院空间的设置可以改善室内的日照、通风、采光，调节小气候，使居者沐浴充足的阳光，享受清新的空气。此外，庭院绿化对院内空气、土壤、水进行生态循环处理，净化了院内空气质量，达到了小范围的自然生态平衡。

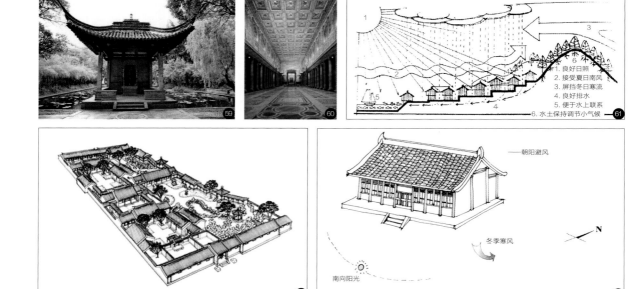

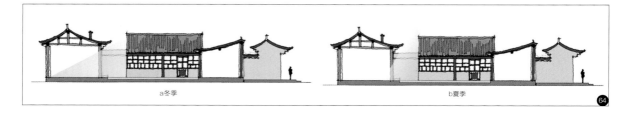

对于单体设计与细部处理同样考虑周详。以正房为例，正房坐北朝南，门窗朝南开启，冬季避免凛冽寒风，夏季则迎风纳凉。屋檐的高度可以控制阳光的摄入，冬季太阳高度角低，阳光透过檐下照进室内，形成温暖宜人的室内环境；夏季太阳高度角升高，经过屋檐的遮挡，光线难以进入室内，创造了阴凉舒爽的清新世界（图64）。

3. 空间的量

所谓空间的"量"包含空间的容量与空间的数量。

空间的容量与空间的使用人数、人群活动方式、家具设施配置等有关。例如供个人休息的卧室（图65），形成以床为主的室内布局，空间容量控制在3米见方左右；供数十人上课的教室（图66），室内布局以桌椅为主，空间容量扩展为8米见方左右；而供上百人使用的报告厅（图67），则以布置座位为主，空间容量高达20米见方之多。

空间的数量体现于单一空间中，与柱子的设置、顶棚、地面的高度变化等有关。

在"白的家"（图68）中，于起居室开间1/3处竖起一柱，以象征日式传统建筑中衔接室内外的过渡空间——缘侧（图69）。独立的柱子拥有了"廊"的意象，暗喻了从外（起居室）到内（卧室）的空间过渡，原本单纯的起居室由此被隐形划分成外部与中介两重空间。

二条城的大广间（图70）是德川将军召见各地大名的专用场所，为了体现尊卑有别，将军所在的上段间与晋见大名所在的下段间存在明显的地面高度差，顶棚的高度也全然不同，从顶棚上垂下的吊壁将各开间分隔开来，清晰直观地表明身份地位的悬殊带来空间层次上的差别。

（二）多元空间设计

常见的建筑空间是由若干空间单元组合而成的多元空间。与单一空间相比，多元空间具有复合性、多质性、多义性等特点。就其形态而言，可分为显形空间和隐形空间两类。

1. 显形空间

显形空间即空间单元组合呈明显直观的形式。按照空间的组合形式，显形空间又可分为团状空间和线形空间两类。

（1）团状空间

团状空间中各空间单元呈平面组合，根据空间组合方式可分为集中式空间和分散式空间两种。

a. 集中式空间

集中式空间以若干单元空间围绕某一中心空间设置，空间具有显著的中心性和内向性，呈静态分布特征。集中组合的空间常应用对比手法突出中心空间的主导地位。组织手法先抑后扬，给人以视觉上的突变和情绪上的震撼。

印度莲花寺（图71）由三层逐级收合的白色大理石花瓣组成一朵半开的白莲，底座边上配以9个连环清水池。远远望去，宛如出水芙蓉，庄严静穆，圣洁纯净；夜幕降临，化作灯花一盏，璀璨夺目，如梦如幻。

b. 分散式空间

与集中式空间相反，分散式空间没有明确的方向性和中心性，各空间单元组合自由随机，呈匀质化分布特征。由于中心的瓦解，各空间单元自成一体，彼此间的衔接贯通赋予空间整体较强的流动性。

北京银河SOHO（图72）以自然柔和、自由组合的流线形体创造了珠联璧合、连续流动的室内空间。流畅贯穿的空间设计让人在行进中感到轻松愉悦。

（2）线形空间

线形空间中各空间单元呈线形分布，按照空间单元的密集程度以及线形的直曲变化可分为重复式空间、序列式空间和循环式空间三种。

a. 重复式空间

重复式空间由空间单元重复叠加而成，空间单元的连续重复，打破了空间的单调性和沉闷感，赋予空间整体节奏性和韵律感。

西塔里埃森（图73）以厚重粗粝的形象与所处的沙漠环境融为一体。为了打破空间的封闭单一，嵌套了一连串45°倾斜的木屋架，宛如连续跃动的音符，丰富了空间的节奏韵律，使建筑充满野趣。

b. 序列式空间

序列式空间的空间单元密集程度较低，人们不能一眼把握全局，只有在行进过程中，不断地从一个空间跨越另一个空间，伴随时间的流逝，空间渐次展开。通过逐一呈现的空间开合，产生心理上的起伏变化。序列式空间结构严谨，布局缜密，具有强烈的秩序性。

紫禁城的入口空间（图74）经历了从前门、天安门到端门、午门一系列的空间变化，通过空间的收放开合、逐级递进，使人对皇权的威严崇高心生敬畏。

c. 循环式空间

循环式空间中各空间单元呈环线形布局，建筑外形呈闭合曲线，内部空间具有较强的流动性。循环式空间具有变化与回归双重特性。

福建客家土楼（图75）以家族为单元，环中心庭院建成围屋形式。建筑对外封闭，以抵御匪盗侵袭；对内开敞，便于族人交流。闭合的形式促进了内部空间的循环流动。

莫比乌斯住宅（图76）将几何概念应用于建筑之中，不仅体现在空间上的螺旋交缠，还反映在生活过程中工作、娱乐、休息三大主题的交替轮回。循环往复的建筑空间体现了设计者关于"流逝变化"与"永劫回归"的哲学思考。

2. 隐形空间

相比较显形空间，隐形空间不易被人察觉，但它的存在至关重要，隐形空间的巧妙设置不仅可以丰富空间的内涵，还能够给予空间无尽的余韵和深远的意境。按照空间的性质，隐形空间可概括为过渡性空间、渗透性空间和引导性空间三种。

（1）过渡性空间

过渡性空间用于衔接动静、内外、高低、明暗等不同性质的空间，防止空间突变引发的突兀感，起缓冲过渡作用。

丈山寺诗仙堂（图77）建于山坡之上，四周环有庭院，白砂铺地、石头作景，幽静典雅。建筑借由通透的柱廊将庭院景色尽收眼底，柱廊上画有中国古代三十六位名家吟诗作画的场景。对此画，当此景，内外两忘，尘劳全消，心醉神驰，飘然若仙。唯有一寸诗心悄然而出，恰正其名。

（2）渗透性空间

渗透性空间常用于空间的分隔处理，通过墙面的透空留白，使两重空间彼此相互渗透，相互因借，从而增强空间的层次感。

古典园林中的"借景"手法（图78）是渗透性空间的典例，透过门窗孔洞去看另一空间的景致，山石亭榭如框中画，因隔了一重层次，愈发含蓄深远。

（3）引导性空间

引导性空间通过含蓄巧妙地处理，对游人加以引导和暗示，使人不经意间沿设定的方向路线前行，以到达最终目的地。桥、堤、道路均属于引导性空间。

杭州白堤（图79）东起"断桥残雪"，西止"平湖秋月"，作为西湖名胜的联系引导空间，其本身也是一道靓丽的风景。堤上桃柳成行，芳草如茵，回望山色空蒙，青黛含翠，近观水波潋滟，湖光涂碧，如在画中游。从"最爱湖东行不足，绿杨荫里白沙堤"的流连忘返，到"波中画舫樽中酒，堤上行人岸上山"的无限风怀，道尽了对白堤风姿神韵的满怀眷恋。

泰山十八盘（图80）是泰山盘路中最险要的一段，具有极强的方向引导性。此处崖壁如削，山势险峻，共有石阶1600余级，倾角达70度至80度，岩层陡立，直上青云。远远望去，恰似天门云梯悬挂于崇山峻岭之中。

73.西塔里埃森　　74.紫禁城　　75.客家土楼　　76.莫比乌斯住宅　　77.丈山寺诗仙堂　　78.留园中的"借景"　　79.杭州白堤　　80.泰山十八盘

第五篇

实例篇

所谓"寓教于学""知行合一",强调学生作业是建筑初步课程中至关重要的一个环节。本篇结合之前讲述的模型篇、绘图篇和设计篇,罗列了与之相对应的作业任务书和典型的作品实例。在作业设置上既有传统练习,如表现技法、抄绘、测绘等;也有新增的创作型训练,如三大构成、模型制作等。旨在加强基本功训练的同时,提升学生的空间创造能力与艺术审美修养。

第八章
课堂实践

课堂实践是专为授课教师提供的教学参考，在规定实践内让学生有效实现自己的提法。

一、错动之窗——平面构成设计

平面构成是现代设计基础的一个重要组成部分，是培养图形创意最有效的课程，它将既有的形态在二维平面内，按照一定的构成规律和形式美法则进行分解、组合，从而构成新的理想形态。

（一）教学目的

平面构成对造型语言、造型方法、造型心理等各方面进行训练，能够从一般的技法学习扩展到视觉感知能力、审美能力和创造能力的提高。因此，本次设计主要试图解决以下问题。

a. 了解平面构成中形态要素：点、线、面的形态特征及其在设计中的运用；

b. 掌握平面构成的形式美法则及平面构成的基本理论；

c. 怎样将形式美法则及平面构成的基本理论运用到具体的设计中去。

（二）作业内容

将所提供的建筑立面图样进行平面构成设计。设计过程中，建筑立面尺寸及窗户数量不能变化，但窗户的形状、大小、位置均可根据自己的设计进行调整（图01）。

（三）成果要求

将所设计的两个立面图样按照1：100的比例竖向绘制在三号图纸上，立面尺寸不标注（图02）。

（四）评分标准

a. 构成关系明确，符合形式美法则，50%。

b. 构思新颖、独特，20%。

c. 图线关系明确，绘图认真，20%。

d. 按时出勤，10%。

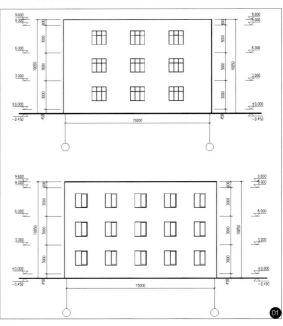

01 立面图样绘制范例

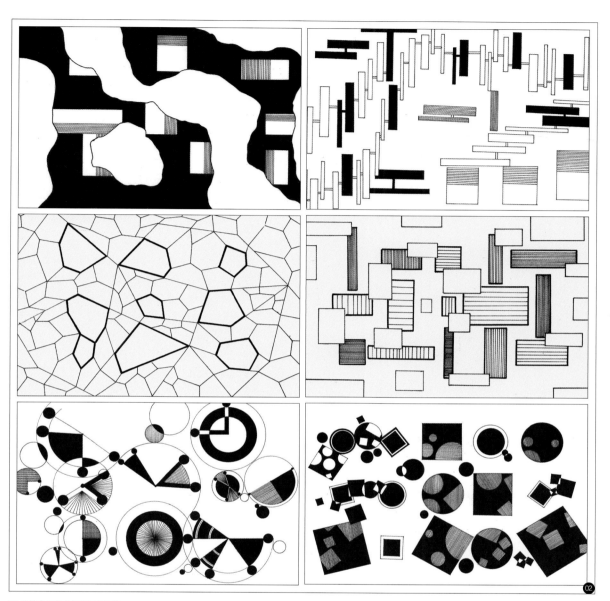

02 建筑立面艺术化的平面构成

二、由平面到立体——空间构成设计

形体与空间的处理是建筑创作中不可或缺的一个环节，为提升建筑艺术素养与创作技巧，进行形态构成的学习和训练至关重要。形态构成以抽象的点、线、面、体为基本要素，通过审美规律和造型方法进行形的创造，从而提升审美水平与造型能力。学习形态构成对于提升建筑设计中关于形体与空间的创造能力具有十分重要的意义。

（一）教学目的

立体构成是由二维平面形象进入三维立体空间的构成表现，两者既有联系又有区别。联系的是：它们都是一种艺术训练，引导了解造型观念，训练抽象构成能力，培养审美观，接受严格的训练；区别的是：立体构成是三维度的实体形态与空间形态的构成。结构上要符合力学的要求，材料也影响和丰富形式语言的表达。立体构成是用厚度来塑造形态、其生成过程是制作出来的。

从平面到立面的转化训练，具有以下几点意义：

a. 提升空间想象能力。从给定的平面构成图样中，经过三维空间的抽象转化，将其塑造成立体模型。

b. 提升审美能力和塑形能力。把形式美法则综合应用在三维空间的创造中。

c. 建立结构受力的意识，体验建造方法和搭接技巧。

（二）作业内容

从备选的平面构成图样中（图03），选择一幅将其转换为立体构成。立体构成模型须与原型有正确的对应关系，并符合形式美法则（图04）。

（三）制作步骤

制作步骤分为以下两个阶段。

1. 草模阶段

a. 选题——从备选的平面构成中选择一副作为平立转换的基面。

b. 选材——不限，可选用复印纸、卡纸等。

c. 尺寸——不限。

d. 完成深度——需要通过构成要素的组合简要表达构成主题。

2. 正式模型阶段

a. 选材——KT板或卡纸（同一模型材质、颜色不能超过两种）。

b. 尺寸——模型平面长宽尺寸控制在150mm×150mm，高度＜200mm，模型成品需固定在250mm×250mm的黑色KT板上。

c. 完成程度——遵循形式美法则，将构成主题清晰的表达到构成模型中。

（四）评分标准

a. 与选取图样关联吻合，20%。

b. 造型优美，符合形式美法则，20%。

c. 构思新颖，手法独到，20%。

d. 受力合理，稳固坚实，20%。

e. 工艺精良，10%。

（五）成果要求

将模型从不同角度拍摄六张照片，贴在2号黑卡纸上，并附所选平面构成的复印稿及作业题目（空间构成——平立面转换）、作者姓名、学号。

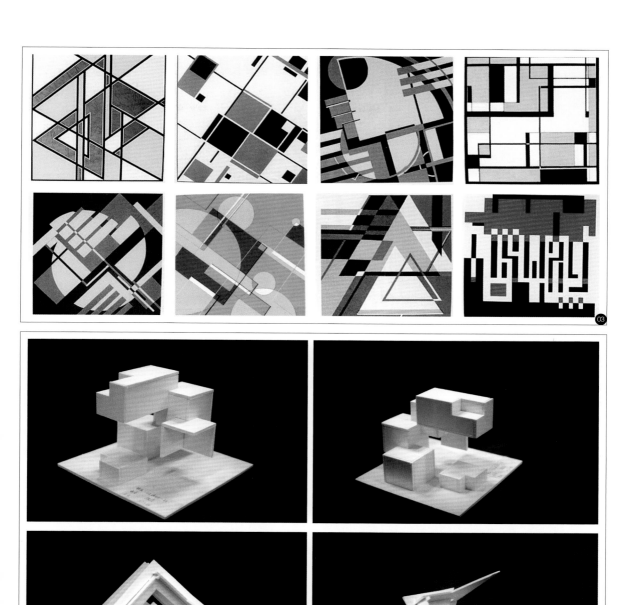

03 备选平构图片　　04 转换成的立体构成

三、鸡蛋撞地球——鸡蛋保护装置设计

建筑是什么？建筑是人与环境的中介，是人类居住生存环境的一部分，是满足人们生理、心理客观需要的内容组成，它反映着人们的生活方式，与人的行为相对应。

（一）教学目的

本次设计意在于使一年级学生进行建筑设计之前能够首先体味人、建筑与环境三者的关系，如建筑的防震设计，或者电梯的失重状态如何进行缓冲等，通过制作鸡蛋（人）保护器（建筑）撞击地球（环境），做到手与脑的结合，并达到以下目的：

a. 体验模型建造过程。

b. 体验建筑设计的两种方法：即"先功能、后形式"和"先形式，后功能"（注：此小装置设计中的"功能"即为"保护鸡蛋不被摔碎的功能"，要达到此"功能"，必须去了解一定的力学原理，使你所设计的装置起到缓冲鸡蛋被冲撞的强大的力的同时并具有坚固，结实的作用）。

c. 通过对鸡蛋保护装置的设计培养学生对结构合理受力的关注，建立结构意识与概念。

d. 主动学习运用形式美的法则。

e. 确立经济概念，在经济和艺术效果间寻求平衡点。

f. 树立关注构造节点（连接方式等）的设计意识。

g. 结合创作意图选择环保及废旧回收材料，感受材料在设计中的作用。

（二）作业内容

利用各种材料及手段制作鸡蛋保护装置（图05），使鸡蛋在规定高度（1.5米）落下后，不会被摔碎(平时练习及最后考核阶段，请大家均采用熟鸡蛋）。

（三）制作步骤

第一种方法：从结构构造（坚固、实用）开始。

a. 选材料（线材、面材、块材均要考虑）、思考装置需具备的受力特点，从材料中及装置受力特点中考虑如何保护鸡蛋（使鸡蛋在落地瞬间能够缓冲）的获得启发。

b. 对材料的质感、肌理、韧度、刚度、切割或拉伸、连接特点进行分析，启发想象。

c. 根据上面陈述的想法进行组织和安排，并将鸡蛋放入装置进行实验。

d. 动手的过程中，不断修正尺度感、比例、重量感、体量感、动势，并形成基本模型。

e. 根据的基本模型，在进行反复试验的前提下完成最后成果。

第二种方法：从外观（形式）开始。

a. 思考造型的大致形式，考虑什么样的形式能够保护鸡蛋（使鸡蛋在落地瞬间能够缓冲）。

b. 根据造型的大致形式，再选取材料。

c. 根据材料特性调整造型意向。

d. 将鸡蛋放入后反复实践，最后确定基本模型。

e. 根据基本模型，完成最终成果。

（四）评分标准

以下标准均为参考，可视实际情况增减。

a. 鸡蛋撞击地球后，有无裂缝出现，20%。

b. 尺度感和比例是否合适，是否是具备美学原则的空间装置，20%。

c. 造型要素是否统一，组织结构是否有机，10%。

d. 保护装置的连接方式是否适合材料本身易操作、稳固及简洁的特性，10%。

e. 工艺是否精良，是否干净利落，10%。

f. 是否利用环保及废旧回收材料，10%。

g. 是否有创新意识、与众不同，10%。

h. 设计周是否按时出勤，10%。

（五）成果要求

成果实现需要有评估组进行专业评审，可达到更好效果。

a. 保护鸡蛋装置在进行考核前进行拍照，将照片贴于三号黑色卡纸上（不少于四张）。

b. 考核当天，请将熟鸡蛋至于鸡蛋保护装置中，离地面1.5米高处落下进行考评。

c. 考核装置的同时，请每位同学讲述自己的成果与建筑设计的联系，并说说原因与想法。

05 作业成果示范

四、搭建实验

搭建实验是训练学生对造型、结构的实操能力，在实施进程中让他们学会团队合作。

（一）教学目的

搭建实验需实现以下九个目标。

a. 体验建造过程。

b. 理解并运用形式美的法则。

c. 对稳定和受力合理关注，建立结构意识与概念。

d. 小组工作，在集体创作中有利于合作意识的培养。

e. 确立经济概念，在经济和艺术效果间寻求平衡点。

f. 树立关注细节和大样的设计意识。

g. 初步建立尺度感。

h. 结合创作意图选择材料，感受材料在设计中的作用。

i. 选择合适的场所来展示作品，体会环境与作品的图底关系。

（二）作业内容

以人体的地尺度为参照，在室外制作符合人体尺度的构成模型（图06~图08）。

（三）制作步骤

第一种方法：从未知开始。

a. 选材料（线材、面材、块材均要考虑），从材料中获得启发。

b. 对材料的质感、肌理、韧度、刚度、切割或拉伸、连接特点进行分析，启发想象。

c. 根据上述想法进行组织和安排。

d. 动手的过程中不断修正尺度感、比例、重量感、体量感、动势，并形成基本模型。

e. 根据基本模型，完成最后成果。

第二种方法：从已知开始。

a. 思考造型的大致轮廓。

b. 根据造型的大致轮廓，再选取材料。

c. 根据材料特性调整造型意向。

d. 反复实践，最后确定基本模型。

e. 根据基本模型，完成最后成果。

（四）评分标准

以下评分标准，按照常规百分制划分。

a. 造型特点反映和顺应材料的力学特性，20%。

b. 连接方式适合材料本身的易操作、稳固及简洁的特性，20%。

c. 比例尺度适宜，符合人体尺度，20%。

d. 造型要素统一，组织结构有机，20%。

e. 工艺精良，干净利落，10%。

f. 按时出勤，10%。

（五）成果要求

此次实验需要表现团队合作及其创造力。要求学生有创意表现的元素。

a. 成果模型高度必须超过两米，符合人体尺度。

b. 用2号图纸表达设计构思，贴附设计制作过程照片和成果照片（各不超过三张）。

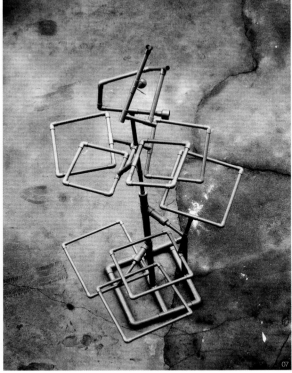

五、知名建筑模型制作

通过对知名建筑模型的制作，分析建筑大师的设计理论和结构技巧，是掌握设计方法的最佳提经。

（一）教学目的

以下为本次课程的主要教学目的。

a. 了解建筑作品的构思方式、思考过程。

b. 了解建筑实体与图示语言的转换关系。

c. 体验建造过程。

d. 建立尺度感和等比例缩放的概念。

e. 小组工作，培养合作意识。

（二）作业内容

5人一组，从美国国家美术馆东馆、巴塞罗那世博会德国馆、萨伏伊别墅（图09、图10）、玛利亚别墅、范斯沃斯住宅、栗子山母亲住宅、光之教堂、水之教堂中选取一例，将其制作成1：100的模型。

（三）制作步骤

课堂中，可参照以下制作步骤指导学生。

a. 选例、选材，确定选例与模型材料。

b. 收集资料，包括所选实例的平、立、剖及总平面图。

c. 底图放样，按比例缩放至模型基座上。

d. 模型制作，需要制作建筑各个构件，拼装完成单体建筑模型。

e. 场地制作，包括树景、水景、道路等制作。

f. 成品完成。

（四）评分标准

以下列出四项评分标准。

a. 资料收集完整、模型选材合理，10%。

b. 单体模型比例精准，做工精良，40%。

c. 场地环境符合原貌，效果逼真，30%。

d. 集体协作，配合良好，20%。

（五）成果要求

此次课程的要求及要在三维和二维效果中共同表现。

a. 成果模型必须符合比例要求，场地环境符合原貌。

b. 贴附成果照片6张于三号黑卡纸上。

六、建筑抄绘、测绘

学生可通过对已建建筑的体量、尺寸、空间、地形进行测绘来了解建筑设计的关键因素，在抄绘过程中进行分析与总结。

（一）教学目的

此次课程的教学目的分为以下三部分。

a. 进一步了解建筑工程图纸与建筑实物的关系，正确掌握建筑制图的画法、步骤及规范。

b. 深入体会和认识建筑物构成要素，初步了解建筑结构、构造、材料和施工等工程技术知识。

c. 分析理解建筑空间构成原理，熟悉建筑设计中功能流线、空间布局和尺度关系等基本规律。

（二）作业内容

具体作业要求如下。

a. 临摹完成小建筑抄绘，全面理解建筑平、立、剖面的含义。

b. 建筑实体测量，绘制建筑全套平、立、剖面图。

（三）制作步骤

以下为可参考的制作步骤。

（1）小建筑抄绘阶段

建筑识图，理解图纸的全部内容。

按比例绘制铅线底稿。

墨线绘制成图，并区分线型。

（2）建筑测绘阶段

a. 5人一组进行建筑测量。测量工具包括：皮尺、钢卷尺、分规、直尺等。

b. 根据测量数据，按比例绘制建筑平、立、剖面的铅线底稿。

c. 墨线绘制成图，并区分线型。

（四）评分标准

此次课堂的评分参考。

a. 对于抄绘图纸理解到位，临摹无误，30%。

b. 测量过程配合默契，数据准确20%。

c. 测绘图纸规范准确，布图均衡40%。

d. 按时出勤，10%。

（五）成果要求

建筑抄绘，测绘主要体现在图纸上，可列出以下两个要求。

a. 小建筑抄绘，在A2绘图纸上，完成建筑的平、立、剖面绘制，比例1：100、建筑的总平面绘制，比例1：300。

b. 建筑测绘，在A2绘图纸上，完成建筑的平、立、剖面绘制，比例1：100、建筑的总平面绘制，比例1：500。

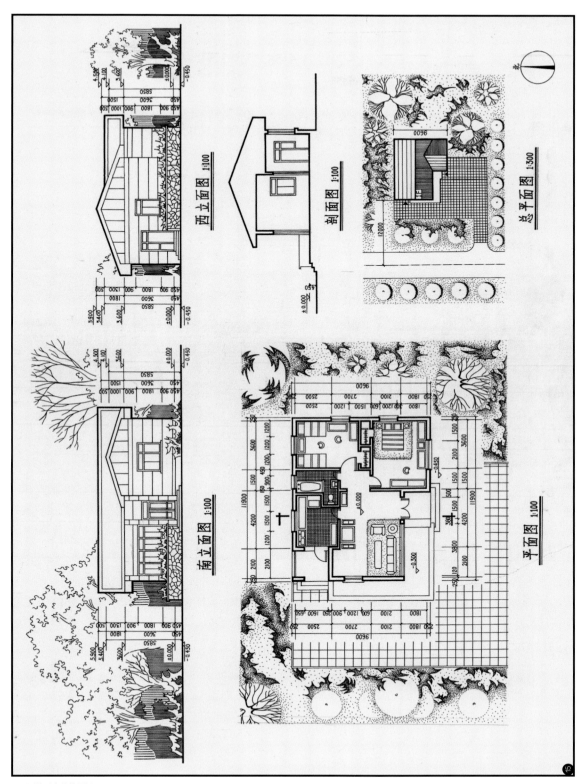

15．测绘后完整的图纸

七、单一空间的设计——居室

单一空间是构成建筑的最基本单元，也是学习空间设计的起点。单一空间具有单纯与完美的特性，学习其主要设计方法对学生有重要意义。

（一）教学目的

对于单空间的设计以居室为例，能够体体现空间规划能力。

a. 建立最基本的尺度概念。了解人体尺度和人的活动尺寸，由此确立家具尺寸及空间尺度。

b. 了解单一空间的设计要素。理解空间中形、质、量的含义及其处理手法。

c. 掌握单一空间的分隔手法。学会应用隔断、地面、吊顶、楼梯等将空间分成若干层次。

（二）作业内容

图16为某居室单体空间，要求选择梯形空间的任意一面为底面进行室内设计（上底面积3m×4.5m，下底面积4.5m×4.5m，高4.5m）。

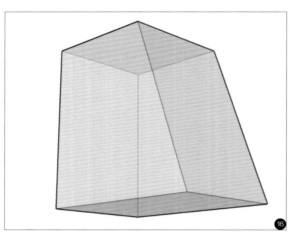

16 空间原型

（三）制作步骤

制作步骤可参考如下四项。

a. 搭建建筑外轮廓。

b. 结合个人的设计兴趣，选择一面为底面。

c. 综合空间尺度、空间的使用性质、设计者的创作理念划分空间层次。

d. 合理布置家居，明确不同空间的使用功能（图17~图24）。

（四）评分标准

此次课程的评分为六项，按照设计与制作能力来评定。

a. 人体、家具及空间尺度合理，20%。

b. 工作、休息、娱乐分区合理，20%。

c. 构思新颖，设计独特，20%。

d. 空间层次丰富，使用舒适，20%。

e. 充分利用空间，不浪费面积，10%。

f. 工艺精良，10%。

（五）成果要求

以下的成果要求，在很大程度上展现设计与制作的综合能力。

a. 制作1：20的室内家具布置模型。将模型从不同角度拍摄六张照片，贴在3号黑卡纸上。

b. 在A4绘图纸上绘制1：50的家具布置平面图（墨线尺规作图，需注明家具尺寸）。

17~24．单一空间设计成果模型的多种角度

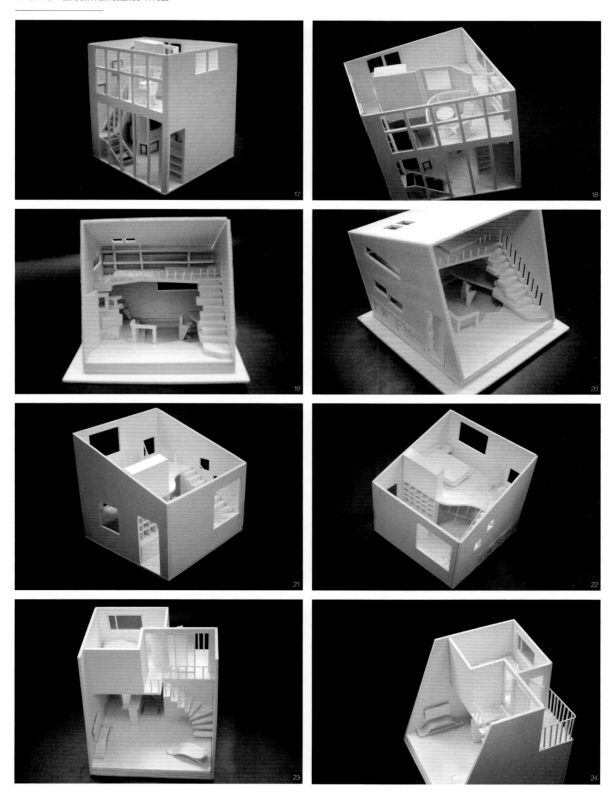

图书在版编目（CIP）数据

建筑初步 / 马珂，师宏儒主编；张涵，何文芳，周琪编著 . — 北京：中国青年出版社，2013.11

中国高等院校"十二五"环境设计精品课程规划教材

ISBN 978-7-5153-1940-7

I.①建 … II.①马 … ②师 … ③张 … ④何 … ⑤周 … III.①建筑学 — 高等学校 — 教材

IV.①TU

中国版本图书馆 CIP 数据核字（2013）第 228226 号

建筑初步

中国高等院校"十二五"环境设计精品课程规划教材

马珂　师宏儒 / 主编　　张涵　何文芳　周琪 / 编著

出版发行：中国青年出版社

地　　址：北京市东四十二条 21 号

邮政编码：100708

电　　话：（010）59231565

传　　真：（010）59231381

企　　划：北京中青雄狮数码传媒科技有限公司

策划编辑：马珊珊

责任编辑：刘稚清　张　军

助理编辑：马珊珊

封面设计：DIT_design

封面制作：孙素锦

印　　刷：北京瑞禾彩色印刷有限公司

开　　本：787×1092　1/16

印　　张：9

版　　次：2013 年 11 月北京第 1 版

印　　次：2022 年 2 月第 4 次印刷

书　　号：ISBN 978-7-5153-1940-7

定　　价：49.80 元

本书如有印装质量等问题，请与本社联系

电话：（010）59231565

读者来信：reader@cypmedia.com

如有其他问题请访问我们的网站：http://www.cypmedia.com